国家基本职业培训包(指南包 课程包)

冷藏工

人力资源社会保障部职业能力建设司编制

中国劳动社会保障出版社

图书在版编目(CIP)数据

冷藏工 / 人力资源社会保障部职业能力建设司编制. -- 北京：中国劳动社会保障出版社，2023

国家基本职业培训包：指南包　课程包

ISBN 978-7-5167-5692-8

Ⅰ.①冷…　Ⅱ.①人…　Ⅲ.①冷藏–职业培训–教学参考资料　Ⅳ.①TS205.7

中国国家版本馆CIP数据核字（2023）第011488号

中国劳动社会保障出版社出版发行

（北京市惠新东街1号　邮政编码：100029）

*

三河市华骏印务包装有限公司印刷装订　新华书店经销

880毫米×1230毫米　16开本　5印张　89千字

2023年6月第1版　2023年6月第1次印刷

定价：16.00元

营销中心电话：400-606-6496

出版社网址：http://www.class.com.cn

版权专有　　侵权必究

如有印装差错，请与本社联系调换：（010）81211666

我社将与版权执法机关配合，大力打击盗印、销售和使用盗版图书活动，敬请广大读者协助举报，经查实将给予举报者奖励。

举报电话：（010）64954652

编 制 说 明

为深入贯彻落实党的二十大关于"健全终身职业技能培训制度"的部署要求，按照《"十四五"职业技能培训规划》有关职业培训包开发应用工作安排，我部将修订完善和组织开发一批培训需求量大的国家基本职业培训包，在全国范围内培育一批职业培训包应用培训机构。

职业培训包开发工作是新时期职业培训领域的一项重要基础性工作，旨在形成以综合职业能力培养为核心、以技能水平评价为导向，实现职业培训全过程管理的职业技能培训体系，这对于进一步提高培训质量，加强职业培训规范化、科学化管理，促进职业培训与就业需求的有效衔接，推行终身职业技能培训制度具有积极的作用。

国家基本职业培训包由指南包、课程包和资源包三个子包构成，是集培养目标、培训要求、培训内容、课程规范、考核大纲、教学资源等为一体的职业培训资源总和，是职业培训机构对劳动者开展政府补贴职业培训服务的工作规范和指南。

国家基本职业培训包遵循《职业培训包开发技术规程（试行）》的要求，依据国家职业技能标准和企业岗位技术规范，结合新经济、新产业、新职业发展编制，力求客观反映现阶段本职业（工种）的技术水平、对从业人员的要求和职业培训教学规律。

《国家基本职业培训包（指南包 课程包）——冷藏工》是在各有关专家

的共同努力下完成的。参加编审的主要人员有邵清东、汝知骏、李娜、张颖慧、冷凯君、曹宝亚、谢美娥、姜萍、陈志新、于晓胜、曾明、杜艳红、任玲、杨清、王喆、黄建辉、易攀、花梦颖、黄文富、巩向玮、肖复兴、杨阳、曾波、许国银、蒋建桥等,在编制过程中得到了北京络捷斯特科技发展股份有限公司、湖北经济学院、安徽财贸职业学院、武汉商学院、新疆商贸经济(高级技工)学校、宁夏职业技术学院、河南牧业经济学院、湖南现代物流职业技术学院、四川交通技师学院、长春汽车工业高等专科学校、南宁职业技术学院、四川旅游学院、广东农工商职业技术学院、重庆城市职业学院、贵州食品工程职业学院、成都农业科技职业学院、山东轻工职业学院、新疆应用职业技术学院、山东经贸职业学院、新疆工程学院、南京晓庄学院、上海光明领鲜物流有限公司等有关单位的大力支持,在此一并致谢。

人力资源社会保障部职业能力建设司

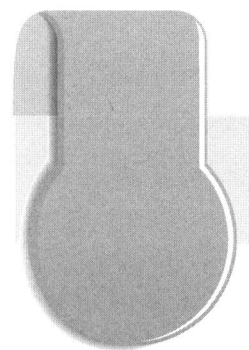

目 录

1 指 南 包

1.1 职业培训包使用指南 ·· 002
1.1.1 职业培训包结构与内容 ·· 002
1.1.2 培训课程体系介绍 ··· 003
1.1.3 培训课程选择指导 ··· 010

1.2 职业指南 ··· 010
1.2.1 职业描述 ··· 010
1.2.2 职业培训对象 ··· 010
1.2.3 就业前景 ··· 011

1.3 培训机构设置指南 ··· 011
1.3.1 师资配备要求 ··· 011
1.3.2 培训场所设备配置要求 ·· 011
1.3.3 教学资料配备要求 ··· 013
1.3.4 管理人员配备要求 ··· 013
1.3.5 管理制度要求 ··· 013

2 课 程 包

2.1 培训要求 ··· 016
2.1.1 职业基本素质培训要求 ·· 016
2.1.2 五级/初级职业技能培训要求 ·· 017

目录

    2.1.3 四级/中级职业技能培训要求 019
    2.1.4 三级/高级职业技能培训要求 021
    2.1.5 二级/技师职业技能培训要求 024
    2.1.6 一级/高级技师职业技能培训要求 027
  2.2 课程规范 029
    2.2.1 职业基本素质培训课程规范 029
    2.2.2 五级/初级职业技能培训课程规范 034
    2.2.3 四级/中级职业技能培训课程规范 039
    2.2.4 三级/高级职业技能培训课程规范 044
    2.2.5 二级/技师职业技能培训课程规范 051
    2.2.6 一级/高级技师职业技能培训课程规范 059
    2.2.7 培训建议中培训方法说明 063
  2.3 考核规范 064
    2.3.1 职业基本素质培训考核规范 064
    2.3.2 五级/初级职业技能培训理论知识考核规范 066
    2.3.3 五级/初级职业技能培训操作技能考核规范 067
    2.3.4 四级/中级职业技能培训理论知识考核规范 067
    2.3.5 四级/中级职业技能培训操作技能考核规范 068
    2.3.6 三级/高级职业技能培训理论知识考核规范 069
    2.3.7 三级/高级职业技能培训操作技能考核规范 070
    2.3.8 二级/技师职业技能培训理论知识考核规范 071
    2.3.9 二级/技师职业技能培训操作技能考核规范 073
    2.3.10 一级/高级技师职业技能培训理论知识考核规范 073
    2.3.11 一级/高级技师职业技能培训操作技能考核规范 074

1 指南包

1.1 职业培训包使用指南

1.1.1 职业培训包结构与内容

冷藏工职业培训包由指南包、课程包、资源包三个子包构成,结构如图1所示。

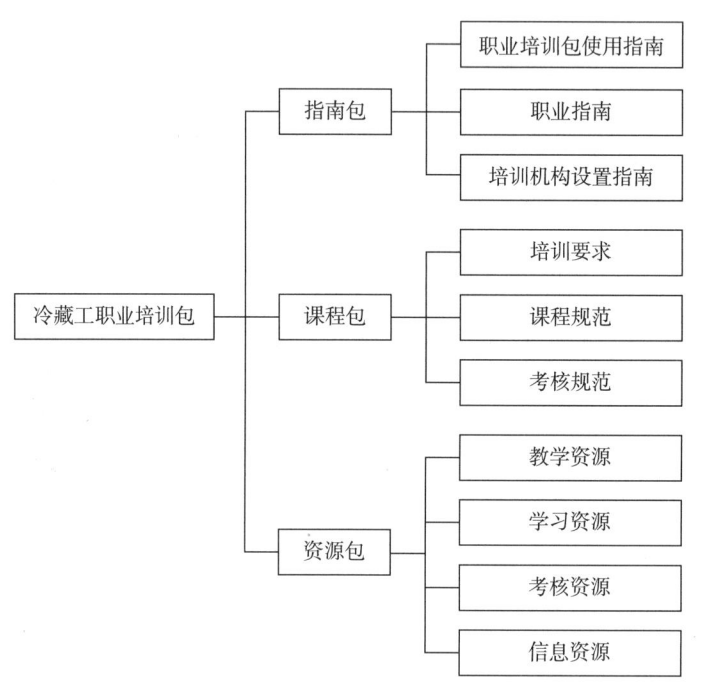

图1 职业培训包结构图

指南包是指导培训机构、培训教师与学员开展职业培训的服务性内容总和,包括职业培训包使用指南、职业指南和培训机构设置指南。职业培训包使用指南是培训教师与学员了解职业培训包内容、选择培训课程、使用培训资源的说明性文本,职业指南是对职业信息的概述,培训机构设置指南是对培训机构开展职业培训提出的具体要求。

课程包是培训机构与教师实施职业培训、培训学员接受职业培训必须遵守的规范总和,包括培训要求、课程规范、考核规范。培训要求是参照国家职业技能标准,结合职业岗位工作实际需求制定的职业培训规范;课程规范是依据培训要求,结合职业培训教学规律,对课程内容、课堂学时、培训方法等所做的统一规定;考核规范是针对课程规范中所规定的课程内容开发的,能够科学评价培训学员过程性学习效果与终结性培训成果的规则，是客观衡量培训学员职业基本素质与职业技能水平的标准，也是实施职业培训过程性与终结性考核的依据。

资源包是依据课程包要求，基于培训学员特征，遵循职业培训教学规律，应用先进职业培训课程理念开发的多媒介、多形式的职业培训与考核资源总和，包括教学资源、学习资源、考核资源和信息资源。教学资源是为培训教师组织实施职业培训教学活动提供的相关资源，学习资源是为培训学员学习职业培训课程提供的相关资源，考核资源是为培训机构和教师实施职业培训考核提供的相关资源，信息资源是为培训教师和学员拓展视野提供的体现科技进步、职业发展的相关动态资源。

1.1.2 培训课程体系介绍

冷藏工职业培训课程体系依据职业技能等级分为职业基本素质培训课程、五级/初级职业技能培训课程、四级/中级职业技能培训课程、三级/高级职业技能培训课程、二级/技师职业技能培训课程、一级/高级技师职业技能培训课程，每一类课程包含模块、课程和学习单元三个层级。冷藏工职业培训课程体系均源自本职业培训包课程包中的课程规范，以学习单元为基础，形成职业层次清晰、内容丰富的"培训课程超市"。

冷藏工职业培训课程学时分配一览表

职业技能等级	课堂学时		其他学时	培训总学时
	职业基本素质培训课程	职业技能培训课程		
五级/初级	30	64	26	120
四级/中级	25	72	23	120
三级/高级	20	56	24	100
二级/技师	15	50	15	80
一级/高级技师	10	50	20	80

注：课堂学时是指培训机构开展的理论课程教学及实操课程教学的建议最低学时数。除课堂学时外，培训总学时还包括岗位实习、现场观摩、自学自练等其他学时。

（1）职业基本素质培训课程

模块	课程	学习单元	课堂学时
1. 职业认知与职业道德	1-1 职业认知	职业认知	1
	1-2 职业道德基本知识	道德与职业道德	2
	1-3 职业守则	冷藏工职业守则	1

续表

模块	课程	学习单元	课堂学时
2. 冷藏管理基础知识	2-1 冷藏作业基础知识	（1）冷库的类型	1
		（2）冷藏品的分类	1
	2-2 冷藏仓储基础知识	各类冷藏品的贮藏条件	1
	2-3 冷藏工艺基础知识	（1）冷藏品冷却	1
		（2）冷藏品冻结	1
		（3）冷藏品冷藏	1
	2-4 冷藏运输基础知识	（1）冷藏运输认知	1
		（2）各类冷藏运输方式的特点及应用	2
	2-5 冷藏信息技术基础知识	（1）条形码技术	1
		（2）射频识别（RFID）技术	1
		（3）全球定位系统（GPS）技术和地理信息系统（GIS）技术	1
		（4）物联网技术	1
	2-6 冷藏设施、设备基础知识	（1）冷藏设施	1
		（2）冷藏存储设备	1
		（3）冷藏运输设备	1
		（4）冷藏装卸搬运设备	1
	2-7 冷库卫生基础知识	冷库卫生要求	1
3. 安全生产和环境保护基础知识	3-1 冷藏企业安全生产基础知识	（1）防火、防爆安全管理	1
		（2）防尘、防毒安全管理	1
	3-2 冷藏工职业健康基础知识	（1）冷库作业常见危害与防护	1
		（2）职业心理健康	1
	3-3 环境保护相关知识	环境保护	1
4. 相关法律知识	相关法律知识	（1）基本法律知识	2
		（2）其他法律知识	1
课堂学时合计			30

注：本表所列为五级/初级职业基本素质培训课程，其他等级职业基本素质培训课程以本表为基础，按"冷藏工职业培训课程学时分配一览表"中相应的课堂学时要求进行必要的调整。

(2) 五级/初级职业技能培训课程

模块	课程	学习单元	课堂学时
1. 冷藏前预处理	1-1 冷库消毒、预冷	(1) 冷库消毒	2
		(2) 冷库预冷温湿度检测	2
	1-2 冷藏品分类分级	(1) 冷藏品贮藏分类	2
		(2) 冷藏品贮藏分级	2
	1-3 冷藏运输工具消毒、预冷	冷藏运输工具消毒、预冷	4
2. 冷藏仓储作业	2-1 入库操作	(1) 冷藏品入库检验	4
		(2) 冷藏品入库搬运与堆码	2
	2-2 在库操作	(1) 冷藏品在库温湿度检测	2
		(2) 冷藏品计量	2
		(3) 冷藏品分装与贴标	2
	2-3 出库操作	(1) 冷藏品出库检查	2
		(2) 冷藏品出库温湿度检测	2
		(3) 冷藏品出库单据填制	2
3. 冷藏运输作业	3-1 装卸操作	(1) 冷藏品装卸搬运设备选择	2
		(2) 冷藏品装载前检查	4
		(3) 冷藏品卸载前检查	2
		(4) 冷藏品装卸搬运	4
	3-2 运输操作	(1) 运输工具制冷系统检查	2
		(2) 运输工具预冷	2
		(3) 冷藏品在途管理	4
4. 冷藏安全管理与日常维护	4-1 冷库日常维护	(1) 冷库加湿、除湿	2
		(2) 冷库除霜	2
		(3) 冷库卫生管理	4
	4-2 安全防护	(1) 冷库监控系统使用	2
		(2) 灭火器使用	2
		(3) 安全通道识别	2
课堂学时合计			64

(3) 四级/中级职业技能培训课程

模块	课程	学习单元	课堂学时
1. 冷藏前预处理	1-1 库区消毒	(1) 消毒剂配制	4
		(2) 消毒设备使用	4
	1-2 设施、设备维护与保养	(1) 机械设备检查方法与流程	1
		(2) 风幕机检查	2
		(3) 包装机检查	2
		(4) 搬运设备检查	2
		(5) 库门检查	1
	1-3 预冷处理	预冷处理	4
2. 冷藏仓储作业	2-1 入库作业	(1) 冷藏品取样与检验	2
		(2) 冷藏品入库温湿度检测	4
		(3) 冷藏品入库堆码	2
	2-2 在库作业	冷藏品在库温湿度监测与记录	6
	2-3 出库作业	(1) 出库冷藏品中心温度测量	2
		(2) 冷藏品出库质量检测	2
3. 冷藏运输作业	3-1 运输工具管理	(1) 冷藏品运输工具选择	4
		(2) 运输工具制冷设备检查	2
	3-2 运输在途监控	运输在途监控	4
4. 冷藏质量管理	4-1 质量控制	冷藏品质量控制	4
	4-2 质量溯源	冷藏品质量溯源	4
5. 冷藏安全管理与日常维护	5-1 冷库日常维护	(1) 地坪冻鼓处理	2
		(2) "冷桥"处理	2
		(3) 制冷剂泄漏处理	2
	5-2 作业安全与健康保障	(1) 冷库安全规章制度执行	2
		(2) 冷库安全设备使用	4
	5-3 节能与环保管理	冷库节能环保	4
课堂学时合计			72

(4) 三级/高级职业技能培训课程

模块	课程	学习单元	课堂学时
1. 冷藏前预处理	1-1 消毒作业管理	冷藏品消毒作业规范	2
	1-2 设施、设备保养及故障排查	(1) 风幕机保养及故障排查	1
		(2) 包装机保养及故障排查	1
		(3) 搬运设备保养及故障排查	1
		(4) 库门保养及故障排查	1
2. 冷藏仓储作业	2-1 入库作业	(1) 冷藏品入库作业管理	2
		(2) 冷藏品入库异常情况处理	2
		(3) 冷藏品贮藏期管理	1
	2-2 在库作业	(1) 冷藏品在库作业管理	2
		(2) 冷藏品损耗预防措施制定	2
		(3) 冷藏品保鲜技术选择	2
		(4) 冷藏品贮藏方式调整	2
		(5) 冷藏品货垛倒塌处理	2
	2-3 出库作业	(1) 冷藏品出库作业管理	2
		(2) 冷藏品出库异常情况处理	2
		(3) 冷藏品退货处理	2
3. 冷藏运输作业	3-1 运输车辆管理	(1) 冷藏车信息核验与记录	2
		(2) 冷藏车制冷设备异常情况处理	2
	3-2 运输在途监控	冷藏品运输在途监控及异常情况处理	2
4. 冷藏信息技术应用	4-1 信息系统应用	(1) 冷库温湿度实时监控	2
		(2) 冷藏运输温湿度实时监控	2
	4-2 信息系统管理	(1) 冷藏信息系统后台配置	1
		(2) 冷藏信息系统异常情况处理	1
5. 冷藏质量管理	5-1 质量控制	(1) 冷藏品质量异常情况处理	1
		(2) 冷藏品质量报表编制	1
	5-2 质量溯源	(1) 冷藏品异常事件记录及资料归档	1
		(2) 冷藏品质量问题溯源管理	2

续表

模块	课程	学习单元	课堂学时
6. 冷藏安全管理与日常维护	6-1 设施、设备日常维护	（1）冷库制冷设备常见异常情况处理	2
		（2）冷库温控设备常见异常情况处理	2
	6-2 作业安全与健康保障	（1）冷库安全作业检查	2
		（2）冷库事故应急处理	2
	6-3 节能与环保管理	（1）冷库环保作业管理方案	2
		（2）冷库能耗管理与节能运行方案	2
课堂学时合计			56

（5）二级/技师职业技能培训课程

模块	课程	学习单元	课堂学时
1. 冷藏业务设计	1-1 冷藏需求分析	（1）冷藏品易腐性分析	1
		（2）冷藏品需求分析	2
	1-2 冷藏环境设计	（1）冷藏环境布局方案设计	2
		（2）冷藏设备选型	2
	1-3 冷藏工艺设计	（1）冷藏品预冷工艺设计	1
		（2）冷藏品加工工艺设计	1
		（3）冷藏品包装工艺设计	1
		（4）冷藏品储存工艺设计	1
2. 冷藏业务管理	2-1 冷藏业务流程设计与优化	（1）冷藏业务流程设计	2
		（2）冷藏业务流程优化	2
	2-2 冷藏业务绩效与成本管理	（1）冷藏业务绩效评估	2
		（2）冷藏业务成本分析	2
3. 冷藏信息技术应用	3-1 信息系统设计	（1）冷藏信息系统需求分析	2
		（2）冷藏信息系统功能设计	2
	3-2 信息技术应用	（1）物联网技术在冷藏上的应用	2
		（2）大数据技术在冷藏上的应用	2
		（3）人工智能技术在冷藏上的应用	2
4. 冷藏质量管理	4-1 质量控制	（1）冷藏品质量控制方案制订	2
		（2）冷藏品质量控制方案实施与改进	2
	4-2 质量溯源	（1）冷藏品溯源管理流程制定	1
		（2）冷藏品溯源管理流程实施与改进	1

续表

模块	课程	学习单元	课堂学时
5. 冷藏安全管理与日常维护	5-1 设施、设备日常维护管理	（1）制冷设备日常维护管理	2
		（2）温控设备日常维护管理	2
		（3）冷库建筑物日常维护管理	2
	5-2 作业安全与健康保障	（1）冷库作业安全与健康保障管理制度制定	2
		（2）冷库安全应急管理预案制订	2
6. 培训指导	6-1 培训	（1）培训计划编制	1
		（2）培训讲义编制	1
		（3）培训教学	1
	6-2 指导	（1）业务指导方案编制	1
		（2）业务指导实施	1
课堂学时合计			50

（6）一级/高级技师职业技能培训课程

模块	课程	学习单元	课堂学时
1. 冷藏业务设计	1-1 冷链业务需求分析	（1）冷链业务市场需求分析	4
		（2）冷链业务时效要求分析	4
		（3）冷链业务可行性分析	2
	1-2 冷链业务规划	（1）冷链业务流程规划	4
		（2）冷链网络布局规划	4
		（3）冷链信息资源规划	4
2. 冷藏业务管理	2-1 冷链业务绩效管理	（1）冷链业务绩效指标选取	4
		（2）冷链业务运营分析	4
	2-2 冷链业务成本管理	冷链业务成本管理	4
3. 冷藏质量管理	3-1 冷链业务质量控制	（1）冷链业务运营质量管理方案制订	4
		（2）冷链业务运营质量评估与优化	2
	3-2 冷链业务风险控制	（1）冷链业务运营风险预警方案制订	4
		（2）冷链业务运营风险管理	2

续表

模块	课程	学习单元	课堂学时
4．培训指导	4-1 培训	（1）培训体系设计	1
		（2）培训方案编制与实施	1
	4-2 指导	（1）业务指导体系设计	1
		（2）业务指导组织与实施	1
课堂学时合计			50

1.1.3 培训课程选择指导

职业基本素质培训课程为必修课程，相当于本职业的入门课程。各级别职业技能培训课程由培训机构教师根据培训学员实际情况，遵循高级别涵盖低级别的原则进行选择。

原则上，初入职的培训学员应学习职业基本素质培训课程和初级职业技能培训课程的全部内容，有职业技能等级提升需求的培训学员，可按照国家职业技能标准的"鉴定要求"，对照自身需求选择更高等级的培训课程。

具有一定从业经验、无职业技能等级晋升要求的培训学员，可根据自身实际情况自主选择本职业培训课程。具体方法为：（1）选择课程模块；（2）在模块中筛选课程；（3）在课程中筛选学习单元；（4）组合成本次培训的课程内容。

培训教师可以根据以上方法对培训学员进行单独指导。对于订单培训，培训教师可以按照如上方法，对照订单需求进行培训课程的选择。

1.2 职业指南

1.2.1 职业描述

冷藏工是从事冷藏品、冻藏品搬运、堆码、保管，制冷设备维护保养等工作的人员。

1.2.2 职业培训对象

参加冷藏工职业培训的对象主要包括：城乡未继续升学的应届初高中毕业生、农村转移就业劳动者、城镇登记失业人员、转岗转业人员、退役军人、企业在职职工和高校毕业生等各类有培训需求的人员。

1.2.3 就业前景

冷藏工的工作岗位有拣货、打包、收货、理货、补货、运输、搬运、堆码、制冷设备维护保养等，可以在食品类（酿造、饮料、速冻或冷冻调理食品）生产经营企业，农副产品加工类（屠宰及肉食品加工、水产加工、果蔬加工）生产经营企业，机械类（冷加工、冷处理）生产经营企业，仓储类（冷库、速冻加工、制冰）生产经营企业，运输类（冷藏运输）经营企业等从事相关工作。

1.3 培训机构设置指南

1.3.1 师资配备要求

（1）培训教师任职基本条件

1）培训冷藏工五级/初级、四级/中级、三级/高级的教师应具有本职业二级/技师及以上职业资格证书（技能等级证书）或相关专业中级及以上专业技术职务任职资格。

2）培训冷藏工二级/技师的教师应具有本职业一级/高级技师职业资格证书（技能等级证书）或相关专业高级专业技术职务任职资格。

3）培训冷藏工一级/高级技师的教师应具有本职业一级/高级技师职业资格证书（技能等级证书）2年以上或相关专业高级专业技术职务任职资格。

（2）培训教师数量要求（以30人培训班为基准）

1）理论课教师：1人及以上；培训规模超过30人的，按教师与学员之比不低于1∶30配备教师。

2）实习指导教师：1人及以上；培训规模超过30人的，按教师与学员之比不低于1∶30配备教师。

1.3.2 培训场所设备配置要求

培训场所设备配置要求如下（以30人培训班为基准）：

(1) 理论知识培训场所设备配置要求：能至少满足 30 人培训的标准教室，多媒体教学设备（计算机、投影仪、幕布或显示屏、网络接入设备、音响设备等），黑板，30 套以上桌椅，符合照明、通风、安全等相关规定。

(2) 操作技能培训场所设备配置要求：实习工位充足，设备配套齐全，符合环保、劳保、安全、卫生、消防、通风、照明等相关规定及安全规程。

操作技能培训场所设备配置应符合本职业各级别主要实训教室工位数及主要设备配置要求对照表所列要求（按标准培训班 30 人配备）。

五级／初级主要实训教室工位数及主要设备配置要求对照表

教室名称	工位数量	主要设备、工具配置	备注
综合实训室	30	计算机 30 台，桌椅 30 套，冷藏品贮藏、装卸、搬运、运输等相关设备	1 人／工位
消防安全实训室	—	泡沫灭火器 10 个，干粉灭火器 10 个，二氧化碳灭火器 10 个，消防头盔 30 个	—

四级／中级主要实训教室工位数及主要设备配置要求对照表

教室名称	工位数量	主要设备、工具、系统配置	备注
综合实训室	30	计算机 30 台，桌椅 30 套，冷藏品贮藏、装卸、搬运、运输等相关设备 冷藏信息系统等	1 人／工位
消防安全实训室	—	泡沫灭火器 10 个，干粉灭火器 10 个，二氧化碳灭火器 10 个，消防头盔 30 个	—

三级／高级主要实训教室工位数及主要设备配置要求对照表

教室名称	工位数量	主要设备、工具、系统配置	备注
综合实训室	30	计算机 30 台，桌椅 30 套 冷藏信息系统等	1 人／工位
消防安全实训室	—	泡沫灭火器 10 个，干粉灭火器 10 个，二氧化碳灭火器 10 个，消防头盔 30 个	—

二级／技师主要实训教室工位数及主要设备配置要求对照表

教室名称	工位数量	主要设备、工具、系统配置	备注
综合实训室	30	计算机 30 台，桌椅 30 套 数据分析系统、冷藏业务规划与仿真系统等	1 人／工位

一级/高级技师主要实训教室工位数及主要设备配置要求对照表

教室名称	工位数量	主要设备、工具、系统配置	备注
综合实训室	30	计算机30台，桌椅30套 数据分析系统、冷藏业务规划与仿真系统等	1人/工位

1.3.3　教学资料配备要求

（1）培训规范：《冷藏工国家职业技能标准》《冷藏工职业基本素质培训要求》《冷藏工职业技能培训要求》《冷藏工职业基本素质培训课程规范》《冷藏工职业技能培训课程规范》《冷藏工职业基本素质培训考核规范》《冷藏工职业技能培训理论知识考核规范》《冷藏工职业技能培训操作技能考核规范》。

（2）教学资源：教材教辅、网络资源等内容必须符合"（1）培训规范"。

1.3.4　管理人员配备要求

（1）专职校长：1人，应具有大专及以上文化程度、中级及以上专业技术职务任职资格，从事职业技术教育及教学管理5年以上，熟悉职业培训的有关法律法规。

（2）教学管理人员：1人以上，专职不少于1人；应具有大专及以上文化程度、中级及以上专业技术职务任职资格，从事职业技术教育及教学管理5年以上，具有丰富的教学管理经验。

（3）办公室人员：1人以上，应具有大专及以上文化程度。

（4）财务管理人员：2人，应具有大专及以上文化程度。

1.3.5　管理制度要求

应建立健全完备的管理制度，包括办学章程与发展规划、教学管理、教师管理、学员管理、财务管理、设备管理等制度。

2 课程包

2.1 培训要求

2.1.1 职业基本素质培训要求

职业基本素质模块	培训内容	培训细目
1. 职业认知与职业道德	1-1 职业认知	(1) 冷藏工简介 (2) 冷藏工的工作内容
	1-2 职业道德基本知识	(1) "四德"建设的主要内容 (2) 社会主义核心价值观 (3) 职业道德修养 (4) 冷藏工职业道德规范
	1-3 职业守则	冷藏工职业守则
2. 冷藏管理基础知识	2-1 冷藏作业基础知识	(1) 冷库的类型 (2) 冷藏品的分类
	2-2 冷藏仓储基础知识	各类冷藏品的贮藏条件
	2-3 冷藏工艺基础知识	(1) 冷藏品冷却 (2) 冷藏品冻结 (3) 冷藏品冷藏
	2-4 冷藏运输基础知识	(1) 冷藏运输认知 (2) 各类冷藏运输方式的特点及应用
	2-5 冷藏信息技术基础知识	(1) 条形码技术 (2) 射频识别(RFID)技术 (3) 全球定位系统(GPS)技术和地理信息系统(GIS)技术 (4) 物联网技术
	2-6 冷藏设施、设备基础知识	(1) 冷藏设施 (2) 冷藏存储设备 (3) 冷藏运输设备 (4) 冷藏装卸搬运设备
	2-7 冷库卫生基础知识	(1) 冷库环境卫生要求 (2) 冷库工作人员卫生要求 (3) 冷库加工作业卫生要求

续表

职业基本素质模块	培训内容	培训细目
3．安全生产和环境保护基础知识	3-1 冷藏企业安全生产基础知识	(1) 防火、防爆安全管理 (2) 防尘、防毒安全管理
	3-2 冷藏工职业健康基础知识	(1) 冷库作业常见危害与防护 (2) 职业心理健康
	3-3 环境保护相关知识	环境保护
4．相关法律知识	相关法律知识	(1)《中华人民共和国劳动法》相关知识 (2)《中华人民共和国劳动合同法》相关知识 (3)《中华人民共和国消防法》相关知识 (4)《中华人民共和国安全生产法》相关知识 (5)《中华人民共和国食品安全法》相关知识 (6)《中华人民共和国环境保护法》相关知识 (7)《中华人民共和国节约能源法》相关知识 (8)《中华人民共和国计量法》相关知识

2.1.2 五级／初级职业技能培训要求

职业功能模块	培训内容	技能目标	培训细目
1．冷藏前预处理	1-1 冷库消毒、预冷	1-1-1 能完成冷库地面、货架及搬运工具消毒作业	冷库地面、货架及搬运工具消毒
		1-1-2 能检测冷库预冷前后温湿度	冷库预冷温湿度检测
	1-2 冷藏品分类分级	1-2-1 能根据冷藏品贮藏特性确定贮藏温度	冷藏品贮藏温度确定
		1-2-2 能根据冷藏品品质完成挑选、整理和分类分级	(1) 冷藏品挑选 (2) 冷藏品整理 (3) 冷藏品分类分级
	1-3 冷藏运输工具消毒、预冷	1-3-1 能完成冷藏运输工具消毒作业	(1) 冷藏运输工具消毒准备 (2) 冷藏运输工具消毒执行
		1-3-2 能检测冷藏运输工具内部温湿度	冷藏运输工具内部温湿度检测

续表

职业功能模块	培训内容	技能目标	培训细目
2. 冷藏仓储作业	2-1 入库操作	2-1-1 能完成冷藏品测温及入库单核验	(1) 冷藏品测温 (2) 冷藏品入库单核验
		2-1-2 能检查冷藏品是否异常并做好记录	冷藏品异常情况检查与记录
		2-1-3 能根据验收情况填制入库单	入库单填制
		2-1-4 能完成冷藏品搬运与堆码作业	(1) 普通冷藏品搬运与堆码 (2) 特殊冷藏品搬运与堆码
	2-2 在库操作	2-2-1 能检测并记录冷藏品在库温湿度变化数据	冷藏品在库温湿度记录
		2-2-2 能完成冷藏品计量作业	冷藏品计量
		2-2-3 能完成冷藏品分装与贴标	(1) 冷藏品分装 (2) 冷藏品贴标
	2-3 出库操作	2-3-1 能核对出库单信息	出库单核对
		2-3-2 能检查冷藏品出库包装的完整性	(1) 冷藏品包装识别 (2) 冷藏品包装完好度检查
		2-3-3 能检测冷藏品出库温湿度	冷藏品出库温湿度检测
		2-3-4 能根据检测情况填制出库单、温湿度记录表、质量检测表等	冷藏品出库单据填制
3. 冷藏运输作业	3-1 装卸操作	3-1-1 能根据冷藏品贮藏特性和种类选用装卸搬运设备	冷藏品装卸搬运设备选择
		3-1-2 能在装货前检查运输工具的卫生状况和温湿度	(1) 运输工具卫生状况检查 (2) 运输工具温湿度检查
		3-1-3 能在装货前核验冷藏品包装和追溯标识	(1) 冷藏品包装核验 (2) 冷藏品追溯标识核验
		3-1-4 能在卸货前检查冷藏品包装和堆码情况	(1) 冷藏品包装检查 (2) 冷藏品堆码检查
		3-1-5 能在装卸过程中实时监控运输工具内部温湿度	运输工具内部温湿度监控
		3-1-6 能完成装卸搬运设备操作	(1) 冷藏品装载操作 (2) 冷藏品卸载操作

续表

职业功能模块	培训内容	技能目标	培训细目
3. 冷藏运输作业	3-2 运输操作	3-2-1 能提前检查运输工具制冷系统	运输工具制冷系统检查
		3-2-2 能提前进行运输工具预冷	运输工具预冷
		3-2-3 能根据运输要求填制发货单、温湿度记录表、质量检测表等	运输单据填制
		3-2-4 能记录运输工具温湿度变化并进行实时控温	(1) 运输工具温湿度记录 (2) 运输工具控温
4. 冷藏安全管理与日常维护	4-1 冷库日常维护	4-1-1 能进行冷库加湿与除湿操作	(1) 冷库加湿 (2) 冷库除湿
		4-1-2 能进行冷库除霜操作	冷库除霜
		4-1-3 能进行冷库消毒操作	冷库消毒
		4-1-4 能进行冷库除异味操作	冷库除异味
		4-1-5 能进行冷库灭鼠、灭虫操作	冷库灭鼠、灭虫
	4-2 安全防护	4-2-1 能使用冷库监控系统	冷库监控系统使用
		4-2-2 能使用灭火器	(1) 火灾标志识别 (2) 灭火器选择与使用
		4-2-3 能识别安全通道标识，利用安全通道逃生	安全通道识别

2.1.3 四级／中级职业技能培训要求

职业功能模块	培训内容	技能目标	培训细目
1. 冷藏前预处理	1-1 库区消毒	1-1-1 能设定消毒程序	消毒程序设定
		1-1-2 能配制消毒剂	(1) 抗霉消毒剂配制 (2) 杀菌消毒剂配制 (3) 除臭消毒剂配制
		1-1-3 能使用消毒设备	消毒设备使用

续表

职业功能模块	培训内容	技能目标	培训细目
1. 冷藏前预处理	1-2 设施、设备维护与保养	1-2-1 能检查风幕机是否正常工作	风幕机检查
		1-2-2 能检查包装机是否正常工作	包装机检查
		1-2-3 能检查搬运设备是否正常工作	搬运设备检查
		1-2-4 能检查库门是否正常工作	库门检查
	1-3 预冷处理	1-3-1 能根据冷藏品入库要求判定是否需要预冷	冷藏品预冷判定
		1-3-2 能根据冷藏品入库要求进行预冷	(1) 冷藏品预冷方法选择 (2) 冷藏品入库预冷
2. 冷藏仓储作业	2-1 入库作业	2-1-1 能完成冷藏品取样及检验	(1) 冷藏品取样 (2) 冷藏品检验
		2-1-2 能根据检验结果判断冷藏品是否要入库贮藏	冷藏品入库贮藏判断
		2-1-3 能检测和控制冷藏品入库温湿度	(1) 冷藏品入库温湿度检测 (2) 冷藏品入库温湿度控制
		2-1-4 能根据冷库内部空间结构确定冷藏品堆码方式	冷藏品入库堆码方式确定
	2-2 在库作业	2-2-1 能检测冷藏品在库温湿度	冷藏品在库温湿度检测
		2-2-2 能追溯冷藏品在库温湿度变化数据	冷藏品在库温湿度追溯
	2-3 出库作业	2-3-1 能测量出库冷藏品中心温度	出库冷藏品中心温度测量
		2-3-2 能完成冷藏品出库质量检测	冷藏品出库质量检测
3. 冷藏运输作业	3-1 运输工具管理	3-1-1 能根据冷藏品运输要求选择运输工具	冷藏品运输工具选择
		3-1-2 能发现运输工具制冷设备异常	运输工具制冷设备检查
	3-2 运输在途监控	3-2-1 能操作运输信息系统	运输信息系统操作
		3-2-2 能根据运输在途监控数据发现异常情况	运输在途数据监控

续表

职业功能模块	培训内容	技能目标	培训细目
4. 冷藏质量管理	4-1 质量控制	4-1-1 能执行冷藏品质量控制流程	冷藏品质量控制流程执行
		4-1-2 能对冷藏品消毒效果进行验收	冷藏品消毒效果验收
	4-2 质量溯源	4-2-1 能对冷藏品资料进行分类和保管	(1) 冷藏品资料分类 (2) 冷藏品资料保管
		4-2-2 能使用监控系统和设备进行冷藏品质量溯源	冷藏品质量溯源
5. 冷藏安全管理与日常维护	5-1 冷库日常维护	5-1-1 能发现并处理地坪冻鼓、"冷桥"异常情况	(1) 地坪冻鼓处理 (2) "冷桥"处理
		5-1-2 能发现并处理冷库制冷剂泄漏	制冷剂泄漏处理
	5-2 作业安全与健康保障	5-2-1 能按照冷库安全规章制度进行安全作业	冷库安全作业
		5-2-2 能根据事故类别选择并使用安全设备	(1) 事故类别判断 (2) 安全设备选择 (3) 安全设备使用
	5-3 节能与环保管理	5-3-1 能根据冷库环保管理规定进行作业	冷库环保作业
		5-3-2 能根据冷库节能运行方案进行冷库运行调整	冷库节能运行调整
		5-3-3 能进行冷库能耗计算	冷库能耗计算

2.1.4 三级/高级职业技能培训要求

职业功能模块	培训内容	技能目标	培训细目
1. 冷藏前预处理	1-1 消毒作业管理	1-1-1 能制定冷藏品消毒作业规范	(1) 冷藏品消毒工艺应用环境分析 (2) 冷藏品消毒作业规范编写
		1-1-2 能制定消毒工具使用规范	消毒工具使用规范制定

续表

职业功能模块	培训内容	技能目标	培训细目
1. 冷藏前预处理	1-2 设施、设备保养及故障排查	1-2-1 能进行风幕机保养及故障排查	（1）风幕机日常保养 （2）风幕机故障排查
		1-2-2 能进行包装机保养及故障排查	（1）包装机日常保养 （2）包装机故障排查
		1-2-3 能进行搬运设备保养及故障排查	（1）搬运设备日常保养 （2）搬运设备故障排查
		1-2-4 能进行库门保养及故障排查	（1）库门日常保养 （2）库门故障排查
2. 冷藏仓储作业	2-1 入库作业	2-1-1 能对冷藏品入库异常情况进行处理	（1）冷藏品入库作业管理 （2）普通冷藏品入库异常情况处理 （3）特殊冷藏品入库异常情况处理
		2-1-2 能确定冷藏品贮藏期	（1）冷藏品贮藏期影响因素分析 （2）冷藏品贮藏期管理
	2-2 在库作业	2-2-1 能提出冷藏品损耗预防措施	（1）冷藏品在库作业管理 （2）冷藏品在库损耗成因分析 （3）冷藏品在库损耗预防
		2-2-2 能根据冷藏品属性选择冷藏保鲜技术	冷藏品保鲜技术选择
		2-2-3 能根据冷藏品在库温湿度、气体成分等监控数据调整冷藏品贮藏方式	冷藏品贮藏方式调整
		2-2-4 能处理冷藏过程中的货垛倒塌问题	冷藏品货垛倒塌处理
	2-3 出库作业	2-3-1 能对冷藏品出库异常情况进行处理	（1）冷藏品出库作业管理 （2）冷藏品出库异常情况处理
		2-3-2 能根据退货标准处理退回冷藏品	冷藏品退回处理
3. 冷藏运输作业	3-1 运输车辆管理	3-1-1 能核验冷藏车信息并做好记录	（1）冷藏车信息核验 （2）冷藏车信息记录归档
		3-1-2 能进行冷藏车制冷设备异常情况处理	（1）冷藏车制冷设备日常保养 （2）冷藏车制冷设备异常情况处理

培训要求（三级／高级）

续表

职业功能模块	培训内容	技能目标	培训细目
3．冷藏运输作业	3-2 运输在途监控	3-2-1 能进行冷藏品运输在途监控	冷藏品运输在途监控
		3-2-2 能对冷藏品运输在途异常情况进行处理	冷藏品运输在途异常情况处理
4．冷藏信息技术应用	4-1 信息系统应用	4-1-1 能应用冷藏信息系统处理异常业务	冷藏信息系统应用
		4-1-2 能应用温控技术和温控数据管理系统进行冷库温湿度实时监控	温控技术和温控数据管理系统应用
		4-1-3 能应用温控技术和全球定位技术进行冷藏运输温湿度实时监控	（1）冷藏运输全球定位技术应用 （2）冷藏运输温湿度实时监控
	4-2 信息系统管理	4-2-1 能根据冷藏业务需求配置冷藏信息系统后台数据	冷藏信息系统后台数据初始化配置
		4-2-2 能发现并反馈冷藏信息系统异常情况	冷藏信息系统异常情况发现与反馈
5．冷藏质量管理	5-1 质量控制	5-1-1 能处理冷藏品质量异常情况	冷藏品质量异常情况处理
		5-1-2 能编制冷藏品质量报表	冷藏品质量报表编制
	5-2 质量溯源	5-2-1 能对冷藏过程中的异常事件进行记录并归档	（1）冷藏异常事件记录 （2）冷藏异常事件资料归档
		5-2-2 能对冷藏品质量问题进行溯源管理	冷藏品质量问题溯源管理
6．冷藏安全管理与日常维护	6-1 设施、设备日常维护	6-1-1 能针对冷库制冷设备常见异常情况提出处理方法	冷库制冷设备常见异常情况处理
		6-1-2 能针对冷库温控设备常见异常情况提出处理方法	（1）冷库温控设备常见异常情况识别 （2）冷库温控设备常见异常情况处理

续表

职业功能模块	培训内容	技能目标	培训细目
6.冷藏安全管理与日常维护	6-2 作业安全与健康保障	6-2-1 能根据冷库安全作业管理制度进行作业检查	(1) 冷库安全作业检查执行 (2) 冷库安全作业检查记录
		6-2-2 能根据冷库事故应急方案对事故进行先期处理并协助调查	(1) 冷库事故先期处理 (2) 冷库事故调查协助
		6-2-3 能指挥作业人员进行冷库安全逃生	冷库安全逃生演练组织
	6-3 节能与环保管理	6-3-1 能制订冷库环保作业管理方案	(1) 冷库对环境的影响分析 (2) 冷库环保管理方法分析 (3) 冷库环保作业管理方案制订
		6-3-2 能调整冷库能耗管理方案	冷库能耗管理方案调整
		6-3-3 能制订冷库节能运行方案	冷库节能运行方案制订

2.1.5 二级/技师职业技能培训要求

职业功能模块	培训内容	技能目标	培训细目
1.冷藏业务设计	1-1 冷藏需求分析	1-1-1 能进行冷藏品易腐性分析	(1) 冷藏品腐败原因分析 (2) 冷藏品防腐保养
		1-1-2 能进行冷藏品贮藏、运输、加工需求分析	(1) 冷藏品贮藏需求分析 (2) 冷藏品运输需求分析 (3) 冷藏品加工需求分析
	1-2 冷藏环境设计	1-2-1 能设计冷藏环境布局方案	(1) 冷库建筑设计 (2) 冷库结构设计 (3) 冷库制冷设计 (4) 冷库电气设计 (5) 冷库给排水设计 (6) 冷库冷热源、通风设计 (7) 冷库地面防冻设计
		1-2-2 能根据冷藏需求进行设备选型	(1) 冷藏设备技术选型分析 (2) 冷藏设备经济选型分析

培训要求（二级／技师）

续表

职业功能模块	培训内容	技能目标	培训细目
1. 冷藏业务设计	1-3 冷藏工艺设计	1-3-1 能设计冷藏品预冷工艺	(1) 冷藏品预冷工艺流程设计 (2) 冷藏品预冷工艺特点分析
		1-3-2 能设计冷藏品加工工艺	(1) 冷藏品加工工艺流程设计 (2) 冷藏品加工工艺特点分析
		1-3-3 能设计冷藏品包装工艺	(1) 冷藏品包装工艺流程设计 (2) 冷藏品包装工艺特点分析
		1-3-4 能设计冷藏品储存工艺	(1) 冷藏品储存工艺流程设计 (2) 冷藏品储存工艺特点分析
2. 冷藏业务管理	2-1 冷藏业务流程设计与优化	2-1-1 能根据冷藏需求设计冷藏业务流程	(1) 冷藏存储环节流程设计 (2) 冷藏运输环节流程设计 (3) 冷藏配送环节流程设计
		2-1-2 能发现冷藏业务流程问题并改进	(1) 冷藏业务流程问题 (2) 冷藏业务流程改进
	2-2 冷藏业务绩效与成本管理	2-2-1 能进行冷藏业务绩效管理及控制	(1) 冷藏业务绩效指标确定 (2) 冷藏业务绩效评估
		2-2-2 能进行冷藏业务成本管理及控制	(1) 冷藏业务成本构成分析 (2) 冷藏业务成本核算 (3) 冷藏业务成本控制
3. 冷藏信息技术应用	3-1 信息系统设计	3-1-1 能对冷藏信息系统进行需求分析	(1) 用户需求分析 (2) 数据流程分析 (3) 业务流程分析 (4) 系统功能需求分析
		3-1-2 能对冷藏信息系统进行功能设计	(1) 基础管理子系统功能模块设计 (2) 信息管理子系统功能模块设计
	3-2 信息技术应用	3-2-1 能应用物联网等技术进行冷藏信息数据采集、分析及决策	(1) 冷藏信息数据采集 (2) 冷藏信息数据分析 (3) 冷藏信息数据决策
		3-2-2 能应用大数据、人工智能等技术进行冷藏全过程监控及可视化分析	(1) 监测数据分析 (2) 大数据技术架构设计
4. 冷藏质量管理	4-1 质量控制	4-1-1 能制订冷藏品质量控制方案	(1) 冷藏品质量问题分析 (2) 冷藏品质量控制分析 (3) 冷藏品质量控制方案制订
		4-1-2 能实施、改进冷藏品质量控制方案	(1) 冷藏品质量控制方案实施 (2) 冷藏品质量控制方案改进

续表

职业功能模块	培训内容	技能目标	培训细目
4．冷藏质量管理	4-2 质量溯源	4-2-1 能制定冷藏品溯源管理流程	(1) 冷藏品溯源需求分析 (2) 冷藏品溯源管理流程制定
		4-2-2 能实施、改进冷藏品溯源管理流程	(1) 冷藏品溯源管理流程实施 (2) 冷藏品溯源管理流程改进
5．冷藏安全管理与日常维护	5-1 设施、设备日常维护管理	5-1-1 能制订制冷设备日常维护管理方案	(1) 制冷设备日常维护分析 (2) 制冷设备日常维护管理方案制订
		5-1-2 能制订温控设备日常维护管理方案	(1) 温控设备日常维护分析 (2) 温控设备日常维护管理方案制订
		5-1-3 能制订冷库建筑物日常维护管理方案	(1) 冷库建筑物日常维护分析 (2) 冷库建筑物日常维护管理方案制订
	5-2 作业安全与健康保障	5-2-1 能制定冷库作业人员安全和健康保障管理制度	(1) 冷库运行过程中的危险源辨识 (2) 冷库作业人员安全管理制度制定 (3) 冷库作业人员健康保障管理制度制定
		5-2-2 能制订冷库安全应急管理预案	(1) 冷库安全应急管理事件分析 (2) 冷库安全应急管理预案编制
6．培训指导	6-1 培训	6-1-1 能编制培训计划	培训计划编制
		6-1-2 能编制培训讲义	培训讲义编制
		6-1-3 能对本职业或相关职业三级/高级工及以下级别人员进行专业知识和技能培训	培训教学
	6-2 指导	6-2-1 能编制业务指导方案	业务指导方案编制
		6-2-2 能对本职业或相关职业三级/高级工及以下级别人员进行业务指导	业务指导实施

2.1.6 一级/高级技师职业技能培训要求

职业功能模块	培训内容	技能目标	培训细目
1. 冷藏业务设计	1-1 冷链业务需求分析	1-1-1 能对冷链业务市场需求进行分析	冷链业务市场需求分析
		1-1-2 能对冷链业务时效要求进行分析	(1) 订单时效分析 (2) 仓储时效分析 (3) 运输时效分析 (4) 配送时效分析
		1-1-3 能对冷链业务可行性进行分析	冷链业务可行性分析
	1-2 冷链业务规划	1-2-1 能对冷链业务流程进行规划	(1) 冷链业务流程规划要点分析 (2) 冷链业务流程问题分析 (3) 冷链业务服务要求规划
		1-2-2 能对冷链网络布局进行规划	(1) 冷链网络节点选址 (2) 冷链网络布局设计 (3) 冷链网络布局优化
		1-2-3 能对冷链信息资源进行规划	(1) 冷链信息资源规划方法和工具确定 (2) 冷链物流系统设计 (3) 冷链物流信息平台设计
2. 冷藏业务管理	2-1 冷链业务绩效管理	2-1-1 能制定并分解冷链业务绩效指标	(1) 冷链业务绩效指标制定 (2) 冷链业务绩效指标分解
		2-1-2 能收集冷链业务运营数据并对绩效指标考核结果进行分析	(1) 冷链业务运营数据收集 (2) 冷链业务绩效指标考核结果分析
		2-1-3 能对冷链业务运营各环节的管理情况进行评估及优化	(1) 冷链业务运营管理评估 (2) 冷链业务运营管理优化
	2-2 冷链业务成本管理	2-2-1 能对冷链业务运营成本进行核算	(1) 冷链业务运营成本构成分析 (2) 冷链业务运营成本核算
		2-2-2 能对冷链业务运营成本进行控制	(1) 冷链业务运营成本问题成因分析 (2) 冷链业务运营成本控制

续表

职业功能模块	培训内容	技能目标	培训细目
3．冷藏质量管理	3-1 冷链业务质量控制	3-1-1 能制订冷链业务运营质量管理方案	（1）冷链业务运营质量问题成因分析 （2）冷链业务运营质量管理对策分析 （3）冷链业务运营质量管理方案制订
		3-1-2 能对冷链业务运营质量进行评估及优化	（1）冷链业务运营质量评估 （2）冷链业务运营质量优化
	3-2 冷链业务风险控制	3-2-1 能制订冷链业务运营风险预警方案	（1）冷链业务运营风险预警对策分析 （2）冷链业务运营风险预警方案制订
		3-2-2 能对冷链业务运营风险进行监测、评估及优化	（1）冷链业务运营主要风险因素识别 （2）冷链业务运营风险监测 （3）冷链业务运营风险评估 （4）冷链业务运营风险优化
4．培训指导	4-1 培训	4-1-1 能编制培训方案	（1）培训体系构成分析 （2）培训体系设计 （3）培训方案编制
		4-1-2 能对本职业或相关职业二级／技师及以下级别人员进行专业知识和技能培训	（1）专业知识培训 （2）专业技能培训
	4-2 指导	4-2-1 能设计业务指导体系	（1）业务指导体系构成分析 （2）业务指导体系设计
		4-2-2 能对本职业或相关职业二级／技师及以下级别人员进行业务指导	（1）业务指导组织 （2）业务指导实施

2.2 课程规范

2.2.1 职业基本素质培训课程规范

模块	课程	学习单元	课程内容	培训建议	课堂学时
1. 职业认知与职业道德	1-1 职业认知	职业认知	1）冷链行业认知 2）冷藏工的工作内容	（1）方法：讲授法、参观法 （2）重点与难点：冷藏工的工作内容	1
	1-2 职业道德基本知识	道德与职业道德	1）道德 ①道德的内涵 ②"四德"建设的主要内容 ③社会主义核心价值观 2）职业道德 ①职业道德的内涵 ②服务态度、服务质量、职业道德三者的关系 ③职业道德的内容 3）冷藏工职业道德规范	（1）方法：讲授法、案例教学法 （2）重点与难点：冷藏工职业道德规范	2
	1-3 职业守则	冷藏工职业守则	1）规范操作，安全生产 2）爱岗敬业，忠于职守 3）钻研业务，优质服务 4）诚实守信，遵纪守法	（1）方法：讲授法、案例教学法 （2）重点与难点：冷藏工职业守则	1
2. 冷藏管理基础知识	2-1 冷藏作业基础知识	（1）冷库的类型	1）按使用性质分类 2）按结构类别分类 3）按规模大小分类 4）按库温要求分类 5）其他分类方法	（1）方法：讲授法 （2）重点与难点：冷库的类型	1
		（2）冷藏品的分类	1）冷藏食品 2）冷藏花卉植物 3）冷藏药品 4）其他冷藏品	（1）方法：讲授法 （2）重点与难点：冷藏品的分类	1

续表

模块	课程	学习单元	课程内容	培训建议	课堂学时
2．冷藏管理基础知识	2-2 冷藏仓储基础知识	各类冷藏品的贮藏条件	1）冷藏食品的贮藏条件	（1）方法：讲授法 （2）重点与难点：各类冷藏品的贮藏条件	1
			2）冷藏花卉植物的贮藏条件		
			3）冷藏药品的贮藏条件		
			4）其他冷藏品的贮藏条件		
	2-3 冷藏工艺基础知识	（1）冷藏品冷却	1）冷藏品冷却的定义	（1）方法：讲授法 （2）重点与难点：冷藏品冷却时的变化	1
			2）冷藏品冷却的目的		
			3）冷藏品冷却时的变化		
		（2）冷藏品冻结	1）冷藏品冻结时的变化	（1）方法：讲授法 （2）重点与难点：冷藏品冻结时的变化	1
			2）冷藏品冻结率的定义		
		（3）冷藏品冷藏	1）冷藏品冷藏时的变化	（1）方法：讲授法 （2）重点与难点：冷藏品冷藏的原理	1
			2）"3T"原则		
			3）冷藏品冷藏的原理		
	2-4 冷藏运输基础知识	（1）冷藏运输认知	1）冷藏运输的定义	（1）方法：讲授法 （2）重点与难点：冷藏运输需要具备的条件	1
			2）冷藏运输需要具备的条件		
			3）我国冷藏运输行业存在的问题		
			4）我国冷藏运输行业的发展对策		
		（2）各类冷藏运输方式的特点及应用	1）公路冷藏运输的特点及应用	（1）方法：讲授法 （2）重点与难点：各类冷藏运输方式的特点及应用	2
			2）铁路冷藏运输的特点及应用		
			3）水路冷藏运输的特点及应用		
			4）航空冷藏运输的特点及应用		

续表

模块	课程	学习单元	课程内容	培训建议	课堂学时
2．冷藏管理基础知识	2-5 冷藏信息技术基础知识	(1) 条形码技术	1) 条形码概述 ①条形码的概念 ②条形码的特点 ③条形码的分类	(1) 方法：讲授法、案例教学法 (2) 重点与难点：条形码技术在冷藏作业中的应用	1
			2) 条形码技术在冷藏作业中的应用		
		(2) 射频识别 (RFID) 技术	1) RFID 技术概述 ① RFID 技术的概念 ② RFID 技术的组成部分 ③ RFID 技术的工作原理	(1) 方法：讲授法、案例教学法 (2) 重点与难点：RFID 技术在冷藏作业中的应用	1
			2) RFID 技术在冷藏作业中的应用		
		(3) 全球定位系统 (GPS) 技术和地理信息系统 (GIS) 技术	1) GPS 和 GIS 概述 ① GPS 和 GIS 的概念 ② GPS 和 GIS 的工作原理	(1) 方法：讲授法、案例教学法 (2) 重点与难点：GPS 技术在冷藏作业中的应用、GIS 技术在冷藏作业中的应用	1
			2) GPS 技术在冷藏作业中的应用		
			3) GIS 技术在冷藏作业中的应用		
		(4) 物联网技术	1) 物联网概述 ①物联网的概念 ②物联网的基本结构 ③物联网的基本特点	(1) 方法：讲授法、案例教学法 (2) 重点与难点：物联网在冷藏作业中的应用	1
			2) 物联网在冷藏作业中的应用		
	2-6 冷藏设施、设备基础知识	(1) 冷藏设施	1) 冷冻机的作用	(1) 方法：讲授法 (2) 重点与难点：冷却系统的作用	1
			2) 冷却系统的作用		
			3) 制冷剂的作用		
		(2) 冷藏存储设备	1) 一般货架与冷库货架的区别	(1) 方法：讲授法、案例教学法 (2) 重点与难点：高密度仓储货架的类型	1
			2) 高密度仓储货架的类型 ①驶入式货架 ②压入式货架 ③电动移动货架 ④穿梭车货架		

续表

模块	课程	学习单元	课程内容	培训建议	课堂学时
2. 冷藏管理基础知识	2-6 冷藏设施、设备基础知识	(3) 冷藏运输设备	1) 公路冷藏运输设备的种类 2) 铁路冷藏运输设备的种类 3) 水路冷藏运输设备的种类 4) 航空冷藏运输设备的种类	(1) 方法：讲授法 (2) 重点与难点：冷藏运输设备	1
2. 冷藏管理基础知识	2-6 冷藏设施、设备基础知识	(4) 冷藏装卸搬运设备	1) 手推车的种类及适用场景 2) 输送机的种类及适用场景 3) 搬运机械设备的种类及适用场景 4) 起重机械设备的种类及适用场景	(1) 方法：讲授法 (2) 重点与难点：搬运机械设备的种类及适用场景	1
2. 冷藏管理基础知识	2-7 冷库卫生基础知识	冷库卫生要求	1) 冷库环境卫生要求 2) 冷库工作人员卫生要求 3) 冷库加工作业卫生要求	(1) 方法：讲授法、案例教学法 (2) 重点与难点：冷库卫生要求	1
3. 安全生产和环境保护基础知识	3-1 冷藏企业安全生产基础知识	(1) 防火、防爆安全管理	1) 防火管理 ①防火的定义 ②火灾危险性分类 2) 防爆管理 ①防爆的定义 ②爆炸危险场所分级 3) 防火、防爆的基本原则 4) 防火、防爆的管理要求	(1) 方法：讲授法、案例教学法 (2) 重点与难点：防火、防爆的管理要求	1
3. 安全生产和环境保护基础知识	3-1 冷藏企业安全生产基础知识	(2) 防尘、防毒安全管理	1) 防尘、防毒的基本原则 2) 尘毒的治理和防护	(1) 方法：讲授法、案例教学法 (2) 重点与难点：尘毒的治理和防护	1

续表

模块	课程	学习单元	课程内容	培训建议	课堂学时
3．安全生产和环境保护基础知识	3-2 冷藏工职业健康基础知识	（1）冷库作业常见危害与防护	1）冷库作业常见危害 ①制冷剂泄漏的危害 ②冷库低温的危害 ③冷库臭氧的危害 2）冷库作业的防护措施	（1）方法：讲授法、案例教学法 （2）重点与难点：冷库作业常见危害、冷库作业的防护措施	1
		（2）职业心理健康	1）心理健康的概念 2）心理健康的标准 3）不健康心理的类型 4）心理健康的日常调节方法	（1）方法：讲授法 （2）重点与难点：心理健康的日常调节方法	1
	3-3 环境保护相关知识	环境保护	1）环境污染的概念 2）环境污染的危害 3）环境污染源的类型 4）环境保护的措施	（1）方法：讲授法、参观法 （2）重点与难点：环境保护的措施	1
4．相关法律知识	相关法律知识	（1）基本法律知识	1）《中华人民共和国劳动法》相关知识 2）《中华人民共和国劳动合同法》相关知识 3）《中华人民共和国消防法》相关知识 4）《中华人民共和国安全生产法》相关知识	（1）方法：讲授法、案例教学法 （2）重点与难点：《中华人民共和国安全生产法》相关知识	2
		（2）其他法律知识	1）《中华人民共和国食品安全法》相关知识 2）《中华人民共和国环境保护法》相关知识 3）《中华人民共和国节约能源法》相关知识 4）《中华人民共和国计量法》相关知识	（1）方法：讲授法、案例教学法 （2）重点与难点：《中华人民共和国食品安全法》相关知识	1
课堂学时合计					30

2.2.2 五级/初级职业技能培训课程规范

模块	课程	学习单元	课程内容	培训建议	课堂学时
1. 冷藏前预处理	1-1 冷库消毒、预冷	(1) 冷库消毒	1) 冷库地面、货架及搬运工具消毒的注意事项 2) 冷库地面、货架及搬运工具消毒的方式	(1) 方法：讲授法 (2) 重点与难点：冷库地面、货架及搬运工具消毒的方式	2
		(2) 冷库预冷温湿度检测	1) 冷库预冷的概念及目的 2) 冷库温湿度的含义 3) 冷库温湿度的检测设备 ①冷库温湿度的检测设备类型 ②干湿球温度计的使用方法	(1) 方法：讲授法 (2) 重点与难点：干湿球温度计的使用方法	2
	1-2 冷藏品分类分级	(1) 冷藏品贮藏分类	1) 冷库货物贮藏温度的分类 2) 冷藏食品的贮藏温度要求 3) 冷藏花卉植物的贮藏温度要求 4) 冷藏药品的贮藏温度要求	(1) 方法：讲授法、案例教学法 (2) 重点与难点：冷藏食品的贮藏温度要求、冷藏花卉植物的贮藏温度要求、冷藏药品的贮藏温度要求	2
		(2) 冷藏品贮藏分级	1) 冷藏品挑选 ①冷藏品品质的概念 ②冷藏品挑选的意义 ③冷藏品挑选的方法 2) 冷藏品贮藏前的整理内容 3) 冷藏品的分级方法	(1) 方法：讲授法、案例教学法 (2) 重点与难点：冷藏品的分级方法	2
	1-3 冷藏运输工具消毒、预冷	冷藏运输工具消毒、预冷	1) 冷藏运输工具消毒作业 ①冷藏运输工具消毒作业前的准备内容 ②冷藏运输工具消毒作业的内容 2) 冷藏运输工具温湿度检测的取样点	(1) 方法：讲授法 (2) 重点与难点：冷藏运输工具消毒作业的内容	4

续表

模块	课程	学习单元	课程内容	培训建议	课堂学时
2. 冷藏仓储作业	2-1 入库操作	(1) 冷藏品入库检验	1) 冷藏品测温工具的工作原理 ①接触式平板传感器的工作原理 ②放射性温度计的工作原理 2) 冷藏品表面温度的检测步骤 3) 冷藏品入库验收的内容 ①冷藏品入库单的核验要点 ②冷藏品入库的异常情况 4) 冷藏品入库单填写 ①入库信息填写的目的 ②入库信息填写的内容 ③入库信息填写的要点	(1) 方法：讲授法 (2) 重点与难点：冷藏品表面温度的检测步骤、冷藏品入库的异常情况	4
		(2) 冷藏品入库搬运与堆码	1) 冷藏品的搬运要求 2) 普通冷藏品的堆码要求 3) 特殊冷藏品的堆码形式 ①冷藏药品的堆码形式 ②冷藏果蔬的堆码形式	(1) 方法：讲授法、案例教学法 (2) 重点与难点：特殊冷藏品的堆码形式	2
	2-2 在库操作	(1) 冷藏品在库温湿度检测	1) 冷藏品在库温湿度的变化规律 2) 在库温湿度记录设备的使用方法	(1) 方法：讲授法 (2) 重点与难点：在库温湿度记录设备的使用方法	2
		(2) 冷藏品计量	1) 冷藏品计量的定义 2) 常见计量设备的种类及使用方法	(1) 方法：讲授法 (2) 重点与难点：常见计量设备的种类及使用方法	2
		(3) 冷藏品分装与贴标	1) 冷藏品分装的概念 2) 冷藏品标签材料的要求及种类 3) 冷库环境中贴标的流程	(1) 方法：讲授法 (2) 重点与难点：冷库环境中贴标的流程	2

续表

模块	课程	学习单元	课程内容	培训建议	课堂学时
2．冷藏仓储作业	2-3 出库操作	(1) 冷藏品出库检查	1）冷藏品出库单检查 ①冷藏品出库单的样式 ②冷藏品出库单核对的内容 2）冷藏品包装检查 ①冷藏品包装的重要性 ②冷藏品包装的种类 ③冷藏品包装的要求	(1) 方法：讲授法 (2) 重点与难点：冷藏品出库单核对的内容	2
2．冷藏仓储作业	2-3 出库操作	(2) 冷藏品出库温湿度检测	1）冷藏食品出库温湿度的要求 2）冷藏花卉植物出库温湿度的要求 3）冷藏药品出库温湿度的要求	(1) 方法：讲授法 (2) 重点与难点：冷藏食品出库温湿度的要求、冷藏花卉植物出库温湿度的要求、冷藏药品出库温湿度的要求	2
2．冷藏仓储作业	2-3 出库操作	(3) 冷藏品出库单据填制	1）冷藏品出库单的填制内容 2）温湿度记录表的填制内容 3）质量检测表的填制内容	(1) 方法：讲授法 (2) 重点与难点：冷藏品出库单的填制内容	2
3．冷藏运输作业	3-1 装卸操作	(1) 冷藏品装卸搬运设备选择	1）保鲜库中叉车的要求 2）冷藏库中叉车的要求 3）速冻库中叉车的要求 4）设备选择误区	(1) 方法：讲授法、案例教学法 (2) 重点与难点：冷藏库中叉车的要求	2
3．冷藏运输作业	3-1 装卸操作	(2) 冷藏品装载前检查	1）冷藏品装载前的检查内容 ①冷藏品装载前运输工具的卫生要求 ②冷藏品装载前运输工具的温湿度要求 2）冷藏品装载前的核验要求 ①冷藏品包装标志的核验要求 ②冷藏品运输标志的核验要求 ③冷藏品包装追溯码的核验要求	(1) 方法：讲授法 (2) 重点与难点：冷藏品装载前运输工具的温湿度要求	4

续表

模块	课程	学习单元	课程内容	培训建议	课堂学时
3. 冷藏运输作业	3-1 装卸操作	(3) 冷藏品卸载前检查	1) 冷藏品卸载前的检查内容 ①包装指示性标志的内容 ②包装警告性标志的内容	(1) 方法：讲授法 (2) 重点与难点：冷藏品卸载前的检查内容	2
			2) 冷藏品的堆码形式 ①冷藏品常用的留通风间隙的堆码形式 ②特殊冷藏品的堆码形式		
		(4) 冷藏品装卸搬运	1) 各类冷藏品装卸时的温湿度要求	(1) 方法：讲授法 (2) 重点与难点：冷藏品装卸搬运的流程	4
			2) 冷藏品装卸过程中的控制事项 ①冷藏品装卸前运输工具内部温湿度控制 ②冷藏品装卸时运输工具内部温湿度控制 ③冷藏品装卸后运输工具内部温湿度控制		
			3) 冷藏品装卸搬运的流程 ①装货作业的流程 ②卸货作业的流程		
	3-2 运输操作	(1) 运输工具制冷系统检查	1) 检查运输工具制冷系统的方法	(1) 方法：讲授法 (2) 重点与难点：运输工具制冷系统的常见故障类型	2
			2) 运输工具制冷系统的常见故障类型 ①制冷压缩机故障类型 ②其他运转设备故障类型		
		(2) 运输工具预冷	1) 运输工具预冷的作用	(1) 方法：讲授法 (2) 重点与难点：运输工具预冷的操作内容	2
			2) 运输工具预冷的操作内容		
			3) 运输工具预冷的时间要求		

续表

模块	课程	学习单元	课程内容	培训建议	课堂学时
3．冷藏运输作业	3-2 运输操作	（3）冷藏品在途管理	1）运输单据的填制内容 ①发货单的填制内容 ②冷藏运输交接单的填制内容	（1）方法：讲授法 （2）重点与难点：不同冷藏车车厢内温度的控制范围	4
			2）不同冷藏车车厢内温度的控制范围 ①非机械制冷冷藏车车厢内温度的控制范围 ②机械制冷冷藏车车厢内温度的控制范围 ③机械制冷及加热冷藏车车厢内温度的控制范围		
			3）运输途中运输工具温度检测的取样点		
4．冷藏安全管理与日常维护	4-1 冷库日常维护	（1）冷库加湿、除湿	1）冷库加湿方法	（1）方法：讲授法 （2）重点与难点：冷库加湿方法、冷库除湿方法	2
			2）冷库除湿方法		
		（2）冷库除霜	1）冷库除霜方法	（1）方法：讲授法 （2）重点与难点：冷库除霜的操作程序	2
			2）冷库除霜的操作程序		
			3）冷库除霜的注意事项		
		（3）冷库卫生管理	1）冷库消毒操作要点	（1）方法：讲授法 （2）重点与难点：冷库消毒操作要点	4
			2）冷库除异味的方法		
			3）冷库灭鼠、灭虫的方法		
	4-2 安全防护	（1）冷库监控系统使用	1）冷库监控系统的概念	（1）方法：讲授法、案例教学法 （2）重点与难点：冷库监控系统的应用	2
			2）冷库监控系统的作用		
			3）冷库监控系统的应用		
		（2）灭火器使用	1）火灾标志	（1）方法：讲授法 （2）重点与难点：灭火器的使用方法	2
			2）可燃物的分类		
			3）灭火器的种类		
			4）灭火器的使用方法		

续表

模块	课程	学习单元	课程内容	培训建议	课堂学时
4．冷藏安全管理与日常维护	4-2 安全防护	（3）安全通道识别	1）安全通道的定义 2）安全通道的目的 3）安全通道的标准要求 4）安全色的种类 5）安全通道的划定要求	（1）方法：讲授法 （2）重点与难点：安全通道的标准要求	2
课堂学时合计					64

2.2.3 四级／中级职业技能培训课程规范

模块	课程	学习单元	课程内容	培训建议	课堂学时
1．冷藏前预处理	1-1 库区消毒	（1）消毒剂配制	1）库区消毒的步骤 2）消毒剂的配制方法 ①抗霉消毒剂的配制方法 ②杀菌消毒剂的配制方法 ③除臭消毒剂的配制方法	（1）方法：讲授法 （2）重点与难点：消毒剂的配制方法	4
		（2）消毒设备使用	1）消毒设备的种类 2）紫外线消毒灯的使用方法 3）二氧化氯消毒器的使用方法 4）臭氧发生器的使用方法	（1）方法：讲授法 （2）重点与难点：紫外线消毒灯的使用方法、二氧化氯消毒器的使用方法、臭氧发生器的使用方法	4
	1-2 设施、设备维护与保养	（1）机械设备检查方法与流程	1）点检法的特点 2）点检法的流程	（1）方法：讲授法 （2）重点与难点：点检法的流程	1
		（2）风幕机检查	1）风幕机的定义、构成与工作原理 ①风幕机的定义 ②风幕机的构成 ③风幕机的工作原理 2）风幕机的检查要点	（1）方法：讲授法 （2）重点与难点：风幕机的检查要点	2

续表

模块	课程	学习单元	课程内容	培训建议	课堂学时
1．冷藏前预处理	1-2 设施、设备维护与保养	（3）包装机检查	1）包装机的定义 2）包装机的工作原理 3）包装机的检查要点	（1）方法：讲授法 （2）重点与难点：包装机的检查要点	2
		（4）搬运设备检查	1）起重机的检查要点 2）叉车的检查要点	（1）方法：讲授法 （2）重点与难点：叉车的检查要点	2
		（5）库门检查	1）库门的功能 2）库门的基本要求 3）库门的分类及特点 4）库门的检查要点	（1）方法：讲授法 （2）重点与难点：库门的检查要点	1
	1-3 预冷处理	预冷处理	1）冷藏品预冷的作用 2）需要预冷的冷藏品类型 3）影响冷藏品预冷速度的因素 4）冷藏品预冷的方法 5）冷藏品预冷的流程	（1）方法：讲授法 （2）重点与难点：冷藏品预冷的方法	4
2．冷藏仓储作业	2-1 入库作业	（1）冷藏品取样与检验	1）冷藏品取样 ①冷藏品取样的原则 ②冷藏品取样的工具 ③冷藏品取样的方法 2）冷藏品检验的流程	（1）方法：讲授法 （2）重点与难点：冷藏品取样的方法	2
		（2）冷藏品入库温湿度检测	1）冷藏品入库温湿度检测的标准 2）冷藏品入库温湿度检测的注意事项	（1）方法：讲授法 （2）重点与难点：冷藏品入库温湿度检测的标准	4
		（3）冷藏品入库堆码	1）地堆区域堆码要求 2）托盘式货架堆码要求 3）隔板式货架堆码要求	（1）方法：讲授法 （2）重点与难点：地堆区域堆码要求、托盘式货架堆码要求、隔板式货架堆码要求	2

续表

模块	课程	学习单元	课程内容	培训建议	课堂学时
2. 冷藏仓储作业	2-2 在库作业	冷藏品在库温湿度监测与记录	1）在库温湿度数据采集记录间隔的要求 2）控制在库温湿度的方法 ①密封 ②通风 ③吸潮 ④气幕隔潮 3）特殊货物在库温湿度的控制要求	（1）方法：讲授法、案例教学法 （2）重点与难点：控制在库温湿度的方法	6
	2-3 出库作业	（1）出库冷藏品中心温度测量	1）出库冷藏品中心温度测量仪器的使用方法 2）出库冷藏品中心温度测量步骤 3）出库冷藏品中心温度测量注意事项	（1）方法：讲授法 （2）重点与难点：出库冷藏品中心温度测量步骤	2
		（2）冷藏品出库质量检测	1）冷藏品出库的标准 2）冷藏品出库异常情况的类型	（1）方法：讲授法 （2）重点与难点：冷藏品出库异常情况的类型	2
3. 冷藏运输作业	3-1 运输工具管理	（1）冷藏品运输工具选择	1）冷藏品的运输要求 ①冷藏品运输过程中的温度要求 ②冷藏品运输过程中的湿度要求 2）冷藏品运输工具选择依据 3）冷藏品运输工具选择注意事项 4）冷藏品运输工具的适用情况	（1）方法：讲授法 （2）重点与难点：冷藏品运输工具的适用情况	4
		（2）运输工具制冷设备检查	1）冷藏车的构成 2）冷藏车的制冷原理 3）冷藏车制冷设备的检查要点	（1）方法：讲授法 （2）重点与难点：冷藏车制冷设备的检查要点	2

续表

模块	课程	学习单元	课程内容	培训建议	课堂学时
3.冷藏运输作业	3-2 运输在途监控	运输在途监控	1) 冷链运输信息系统 ①冷链运输信息系统的组成模块 ②冷链运输信息系统的工作原理 2) 运输途中的异常情况 ①设备故障 ②天气异常 ③交通拥堵	(1) 方法：讲授法、案例教学法 (2) 重点与难点：运输途中的异常情况	4
4.冷藏质量管理	4-1 质量控制	冷藏品质量控制	1) 冷藏品品控管理 ①冷藏品品控管理的主要问题 ②冷藏品品控管理的流程 2) 消毒效果验收 ①消毒效果验收的目的 ②消毒效果验收的内容 ③消毒效果验收的步骤	(1) 方法：讲授法 (2) 重点与难点：冷藏品品控管理的流程	4
	4-2 质量溯源	冷藏品质量溯源	1) 冷藏品资料的管理 ①冷藏品资料的分类方法 ②冷藏品资料的保管方法 2) 冷藏品质量溯源的内容 ①质量溯源的概念 ②质量溯源技术的应用	(1) 方法：讲授法、案例教学法 (2) 重点与难点：质量溯源技术的应用	4
5.冷藏安全管理与日常维护	5-1 冷库日常维护	(1) 地坪冻鼓处理	1) 地坪冻鼓的原因 2) 地坪冻鼓的处理方法 ①自然解冻法 ②人工解冻法 3) 地坪冻鼓的预防措施	(1) 方法：讲授法 (2) 重点与难点：地坪冻鼓的处理方法	2
		(2) "冷桥"处理	1) "冷桥"概述 ①"冷桥"的定义 ②"冷桥"的产生原因 ③"冷桥"的危害 2) "冷桥"的处理方法 3) "冷桥"的预防措施	(1) 方法：讲授法 (2) 重点与难点："冷桥"的处理方法	2

续表

模块	课程	学习单元	课程内容	培训建议	课堂学时
5. 冷藏安全管理与日常维护	5-1 冷库日常维护	（3）制冷剂泄漏处理	1）制冷剂泄漏的检测方法 2）制冷剂泄漏的处理措施 ①液氨泄漏的处理措施 ②液氮泄漏的处理措施 ③氟利昂泄漏的处理措施 ④甲烷泄漏的处理措施	（1）方法：讲授法、案例教学法 （2）重点与难点：制冷剂泄漏的处理措施	2
	5-2 作业安全与健康保障	（1）冷库安全规章制度执行	1）冷库相关人员的职责和权限 2）冷库安全规章制度的内容	（1）方法：讲授法、角色扮演法 （2）重点与难点：冷库安全规章制度的内容	2
		（2）冷库安全设备使用	1）安全事故分类 2）安全事故中的安全设备使用 ①危险化学品（如液氨）事故中的安全设备使用 ②火灾事故中的安全设备使用 ③触电事故中的安全设备使用 ④交通运输事故中的安全设备使用	（1）方法：讲授法 （2）重点与难点：安全事故中的安全设备使用	4
	5-3 节能与环保管理	冷库节能环保	1）冷库环保管理的规定 2）冷库节能管理的内容 ①冷库节能运行方案的内容 ②冷库节能措施 3）冷库能耗 ①影响冷库能耗的主要因素 ②冷库运行中耗电量的计算方法	（1）方法：讲授法、案例教学法 （2）重点与难点：冷库节能措施	4
课堂学时合计					72

2.2.4 三级/高级职业技能培训课程规范

模块	课程	学习单元	课程内容	培训建议	课堂学时
1. 冷藏前预处理	1-1 消毒作业管理	冷藏品消毒作业规范	1）冷藏品消毒工艺 ①消毒方法的种类 ②影响消毒剂作用的因素 ③冷藏品常用消毒剂及其使用方法	（1）方法：讲授法、演示法、案例教学法 （2）重点与难点：冷藏品消毒工艺	2
			2）冷藏品消毒作业流程 ①消毒作业规程与内容 ②消毒操作技术要求 ③消毒操作人员作业要求 ④消毒工具使用方法		
			3）冷藏品消毒作业规范的编写结构		
			4）冷藏品消毒作业规范的主要内容		
	1-2 设施、设备保养及故障排查	（1）风幕机保养及故障排查	1）风幕机保养 ①风幕机三级保养制度 ②风幕机保养管理的目的、要求与基本工作 ③风幕机的保养方法	（1）方法：讲授法、演示法 （2）重点与难点：风幕机的常见故障及其原因	1
			2）风幕机的常见故障及其原因		
			3）风幕机故障排查方法 ①机器不运行或无风的故障排查方法 ②出风不热或温度低的故障排查方法 ③加热器表面打火的故障排查方法		
		（2）包装机保养及故障排查	1）包装机的保养方法	（1）方法：讲授法、演示法 （2）重点与难点：包装机的常见故障及其原因	1
			2）包装机的常见故障及其原因		
			3）包装机故障排查方法		

续表

模块	课程	学习单元	课程内容	培训建议	课堂学时
1. 冷藏前预处理	1-2 设施、设备保养及故障排查	（3）搬运设备保养及故障排查	1）搬运设备的保养方法 2）搬运设备的常见故障及其原因 3）搬运设备故障排查方法	（1）方法：讲授法、演示法 （2）重点与难点：搬运设备的常见故障及其原因	1
		（4）库门保养及故障排查	1）库门的保养方法 2）库门的常见故障及其原因 3）库门故障排查方法	（1）方法：讲授法、演示法 （2）重点与难点：库门的常见故障及其原因	1
2. 冷藏仓储作业	2-1 入库作业	（1）冷藏品入库作业管理	1）冷藏品入库作业内容 2）冷藏品入库作业组织	（1）方法：讲授法、演示法 （2）重点与难点：冷藏品入库作业组织	2
		（2）冷藏品入库异常情况处理	1）普通冷藏品入库异常情况处理 ①普通冷藏品入库数量异常情况处理 ②普通冷藏品入库温度异常情况处理 2）特殊冷藏品入库异常情况处理 ①医药类冷藏品入库异常情况处理 ②化学类冷藏品入库异常情况处理	（1）方法：讲授法、案例教学法 （2）重点与难点：特殊冷藏品入库异常情况处理	2
		（3）冷藏品贮藏期管理	1）冷藏品贮藏期的影响因素 ①温湿度对冷藏品贮藏期的影响 ②包装对冷藏品贮藏期的影响 2）确定冷藏品贮藏期的方法	（1）方法：讲授法、案例教学法 （2）重点与难点：确定冷藏品贮藏期的方法	1

续表

模块	课程	学习单元	课程内容	培训建议	课堂学时
2. 冷藏仓储作业	2-2 在库作业	（1）冷藏品在库作业管理	1）冷藏品在库作业内容	（1）方法：讲授法 （2）重点与难点：冷藏品在库作业组织	2
			2）冷藏品在库作业组织		
		（2）冷藏品损耗预防措施制定	1）冷藏品损耗原因 ①冷藏品损耗原因分类 ②冷藏品损耗原因分析	（1）方法：讲授法、案例教学法 （2）重点与难点：冷藏品损耗原因、冷藏品损耗的预防措施	2
			2）冷藏品损耗的预防措施		
		（3）冷藏品保鲜技术选择	1）冷藏品保鲜技术的种类	（1）方法：讲授法 （2）重点与难点：冷藏品保鲜技术的原理及适用性	2
			2）冷藏品保鲜技术的原理及适用性		
			3）冷藏品保鲜技术的经济性		
		（4）冷藏品贮藏方式调整	1）贮藏条件对冷藏品的影响	（1）方法：讲授法、演示法 （2）重点与难点：冷藏品贮藏方式调整注意事项	2
			2）冷藏品在库温湿度监控方法		
			3）冷藏品贮藏方式调整注意事项		
		（5）冷藏品货垛倒塌处理	1）冷藏品堆放不当处理方法	（1）方法：讲授法、实训法 （2）重点与难点：冷藏品货垛倒塌处理方法	2
			2）冷藏品货垛倒塌处理方法		
	2-3 出库作业	（1）冷藏品出库作业管理	1）冷藏品出库作业内容	（1）方法：讲授法、实训法 （2）重点与难点：冷藏品出库作业组织	2
			2）冷藏品出库作业组织		
		（2）冷藏品出库异常情况处理	1）冷藏品出库异常情况	（1）方法：讲授法、实训法 （2）重点与难点：冷藏品出库异常情况处理方法	2
			2）冷藏品出库异常情况处理方法		

续表

模块	课程	学习单元	课程内容	培训建议	课堂学时
2. 冷藏仓储作业	2-3 出库作业	(3) 冷藏品退货处理	1) 冷藏品退货流程 2) 冷藏品退货标准 3) 冷藏品退货注意事项	(1) 方法：讲授法 (2) 重点与难点：冷藏品退货标准	2
3. 冷藏运输作业	3-1 运输车辆管理	(1) 冷藏车信息核验与记录	1) 冷藏车信息核验 ①车辆资质信息核验 ②车辆状况信息核验 2) 冷藏车信息记录归档	(1) 方法：讲授法 (2) 重点与难点：冷藏车信息核验	2
		(2) 冷藏车制冷设备异常情况处理	1) 冷藏车制冷设备使用方法 2) 冷藏车制冷设备维修方法	(1) 方法：讲授法、案例教学法 (2) 重点与难点：冷藏车制冷设备维修方法	2
	3-2 运输在途监控	冷藏品运输在途监控及异常情况处理	1) 冷藏品运输在途监控 ①冷藏品运输在途监控要点 ②冷藏品运输在途监控注意事项 2) 冷藏品运输在途异常情况 3) 冷藏品运输在途异常情况处理方法	(1) 方法：讲授法、案例分析法 (2) 重点与难点：冷藏品运输在途异常情况处理方法	2
4. 冷藏信息技术应用	4-1 信息系统应用	(1) 冷库温湿度实时监控	1) 制冷与温湿度技术在冷库业务中的应用 ①常见的制冷系统功能模块 ②常见的温湿度控制系统功能模块 2) 温控数据管理系统在冷库业务中的应用 ①温控数据管理系统的结构 ②温控数据管理系统的操作流程 ③温控数据管理系统的异常情况	(1) 方法：讲授法 (2) 重点与难点：制冷与温湿度技术在冷库业务中的应用、温控数据管理系统在冷库业务中的应用	2

续表

模块	课程	学习单元	课程内容	培训建议	课堂学时
4. 冷藏信息技术应用	4-1 信息系统应用	(2) 冷藏运输温湿度实时监控	1）温控技术在冷藏运输业务中的应用 ①冷藏运输温控系统的含义 ②冷藏运输温控系统的功能模块 2）全球定位技术在冷藏运输业务中的应用 ①全球定位技术概述 ②全球定位系统的构成 ③全球定位技术在温湿度监控中的应用 3）冷藏运输温湿度实时监控内容 ①冷藏运输温湿度监控要点 ②冷藏运输温湿度的异常情况	(1) 方法：讲授法 (2) 重点与难点：冷藏运输温湿度实时监控内容	2
	4-2 信息系统管理	(1) 冷藏信息系统后台配置	1）冷藏信息系统数据配置方法 2）冷藏信息系统后台功能模块	(1) 方法：讲授法、演示法 (2) 重点与难点：冷藏信息系统后台功能模块	1
		(2) 冷藏信息系统异常情况处理	1）冷藏信息系统异常情况类型 2）冷藏信息系统异常情况处理方法	(1) 方法：讲授法、演示法 (2) 重点与难点：冷藏信息系统异常情况处理方法	1
5. 冷藏质量管理	5-1 质量控制	(1) 冷藏品质量异常情况处理	1）冷藏品质量异常情况类型 2）不同冷藏品质量异常情况处理方法	(1) 方法：讲授法、案例教学法 (2) 重点与难点：不同冷藏品质量异常情况处理方法	1
		(2) 冷藏品质量报表编制	1）冷藏品质量报表模板 2）冷藏品质量报表编写要点	(1) 方法：讲授法、案例教学法 (2) 重点与难点：冷藏品质量报表编写要点	1

续表

模块	课程	学习单元	课程内容	培训建议	课堂学时
5．冷藏质量管理	5-2 质量溯源	（1）冷藏品异常事件记录及资料归档	1）冷藏品异常事件记录 ①冷藏品存储过程异常事件 ②冷藏品运输过程异常事件 ③冷藏品异常事件记录要点 2）冷藏品异常事件资料归档 ①冷藏品异常事件资料归档规范 ②冷藏品异常事件资料归档方法	（1）方法：讲授法 （2）重点与难点：冷藏品存储过程异常事件、冷藏品运输过程异常事件	1
		（2）冷藏品质量问题溯源管理	1）常见溯源技术 ①常见溯源关键技术 ②常见溯源系统架构 2）冷藏品质量问题溯源系统查询流程	（1）方法：讲授法 （2）重点与难点：冷藏品质量问题溯源系统查询流程	2
6．冷藏安全管理与日常维护	6-1 设施、设备日常维护	（1）冷库制冷设备常见异常情况处理	1）冷库制冷设备常见异常情况 2）冷库制冷设备常见异常情况处理方法	（1）方法：讲授法、演示法 （2）重点与难点：冷库制冷设备常见异常情况处理方法	2
		（2）冷库温控设备常见异常情况处理	1）冷库温控设备常见异常情况 2）冷库温控设备常见异常情况处理方法	（1）方法：讲授法、演示法 （2）重点与难点：冷库温控设备常见异常情况处理方法	2
	6-2 作业安全与健康保障	（1）冷库安全作业检查	1）冷库安全作业检查制度 2）冷库安全作业检查流程 3）冷库安全作业检查记录 ①冷库安全作业检查表 ②冷库安全作业检查记录汇报内容	（1）方法：讲授法、案例教学法 （2）重点与难点：冷库安全作业检查流程	2

续表

模块	课程	学习单元	课程内容	培训建议	课堂学时
6. 冷藏安全管理与日常维护	6-2 作业安全与健康保障	(2) 冷库事故应急处理	1) 冷库事故应急处理流程 2) 冷库事故及其处理 ①制冷剂泄漏处理 ②冷库起火事故先期处理 ③冷库货架倒塌处理 ④冷库事故协助调查 3) 冷库安全逃生演练组织 ①冷库安全逃生演练流程 ②冷库安全逃生演练要点	(1) 方法：讲授法、案例教学法 (2) 重点与难点：冷库安全逃生演练组织	2
	6-3 节能与环保管理	(1) 冷库环保作业管理方案	1) 冷库环保管理方法 ①冷库对环境的影响 ②冷库环保指标 ③常见的冷库环保管理方法 2) 冷库环保作业管理方案的内容结构	(1) 方法：讲授法 (2) 重点与难点：冷库环保作业管理方案的内容结构	2
		(2) 冷库能耗管理与节能运行方案	1) 冷库能耗管理方案 ①冷库能耗问题来源 ②降低冷库能耗的常见措施 2) 冷库节能运行方案 ①冷库节能指标要求 ②冷库存储环节的节能要点	(1) 方法：讲授法、项目教学法 (2) 重点与难点：冷库节能运行方案	2
课堂学时合计					56

2.2.5 二级/技师职业技能培训课程规范

模块	课程	学习单元	课程内容	培训建议	课堂学时
1. 冷藏业务设计	1-1 冷藏需求分析	(1) 冷藏品易腐性分析	1) 冷藏品性质的影响因素 ①微生物作用 ②呼吸作用 ③化学作用 2) 冷藏品腐败原因 ①内在原因 ②外在原因 3) 冷藏品腐败预防措施	(1) 方法：讲授法、讨论法 (2) 重点与难点：冷藏品腐败预防措施	1
		(2) 冷藏品需求分析	1) 冷藏品需求分析内容 ①冷藏品贮藏方法 ②冷藏品运输方法 ③冷藏品加工方法 2) 冷藏品需求分析流程 ①冷藏品需求收集 ②冷藏品需求剖析 ③冷藏品需求评估 ④冷藏品需求反馈	(1) 方法：项目教学法 (2) 重点与难点：冷藏品贮藏方法、冷藏品运输方法、冷藏品加工方法	2
	1-2 冷藏环境设计	(1) 冷藏环境布局方案设计	1) 冷库设计标准 ①冷库建筑设计 ②冷库结构设计 ③冷库制冷设计 ④冷库电气设计 ⑤冷库给排水设计 ⑥冷库冷热源、通风设计 ⑦冷库地面防冻设计 2) 冷藏环境布局设计方法 ①按冷库整体布局设计 ②按冷库作业流程设计 ③按冷库内部结构设计	(1) 方法：讲授法、项目教学法 (2) 重点与难点：冷库设计标准	2

续表

模块	课程	学习单元	课程内容	培训建议	课堂学时
1. 冷藏业务设计	1-2 冷藏环境设计	(2) 冷藏设备选型	1) 冷藏设备应用场景 2) 冷藏设备选型原则 ①总体原则 ②具体原则 3) 冷藏设备选型考虑要素 ①技术选型因素 ②经济选型因素 ③其他选型因素	(1) 方法：讲授法、项目教学法 (2) 重点与难点：冷藏设备选型考虑要素	2
	1-3 冷藏工艺设计	(1) 冷藏品预冷工艺设计	1) 冷藏品预冷工艺参数 ①预冷方式 ②延迟冷却时间 ③采收成熟度 ④内外包装 ⑤果蔬规格 ⑥初始品温 2) 冷藏品预冷工艺流程 3) 冷藏品预冷工艺特点	(1) 方法：讲授法、演示法、讨论法 (2) 重点与难点：冷藏品预冷工艺流程、冷藏品预冷工艺特点	1
		(2) 冷藏品加工工艺设计	1) 冷藏品加工工艺方法 2) 冷藏品加工工艺流程 3) 冷藏品加工工艺特点	(1) 方法：讲授法、演示法、讨论法 (2) 重点与难点：冷藏品加工工艺流程、冷藏品加工工艺特点	1
		(3) 冷藏品包装工艺设计	1) 冷藏品包装工艺方法 2) 冷藏品包装工艺流程 3) 冷藏品包装工艺特点	(1) 方法：讲授法、演示法、讨论法 (2) 重点与难点：冷藏品包装工艺流程、冷藏品包装工艺特点	1
		(4) 冷藏品储存工艺设计	1) 冷藏品储存工艺方法 2) 冷藏品储存工艺流程 3) 冷藏品储存工艺特点	(1) 方法：讲授法、演示法、讨论法 (2) 重点与难点：冷藏品储存工艺流程、冷藏品储存工艺特点	1

续表

模块	课程	学习单元	课程内容	培训建议	课堂学时
2. 冷藏业务管理	2-1 冷藏业务流程设计与优化	（1）冷藏业务流程设计	1）冷藏业务流程分析 ①冷藏品储存环节流程分析 ②冷藏品运输环节流程分析 ③冷藏品配送环节流程分析 2）冷藏业务流程设计步骤 3）冷藏业务流程设计注意事项	（1）方法：讲授法、项目教学法 （2）重点与难点：冷藏业务流程分析	2
		（2）冷藏业务流程优化	1）冷藏业务流程问题类型 2）冷藏业务流程优化的概念和原则 3）冷藏业务流程优化常用方法 4）六西格玛模型分析法	（1）方法：讲授法、项目教学法 （2）重点与难点：六西格玛模型分析法	2
	2-2 冷藏业务绩效与成本管理	（1）冷藏业务绩效评估	1）冷藏业务关键环节的绩效指标 ①冷藏储存绩效指标 ②冷藏运输绩效指标 ③冷藏配送绩效指标 2）冷藏业务绩效评估方法 3）冷藏业务绩效控制方法	（1）方法：讲授法、项目教学法 （2）重点与难点：冷藏业务绩效评估方法	2
		（2）冷藏业务成本分析	1）冷藏业务成本构成 ①冷藏储存成本构成 ②冷藏运输成本构成 ③冷藏配送成本构成 2）冷藏业务成本核算方法 3）冷藏业务成本控制方法 ①冷藏业务成本问题产生原因分析 ②冷藏业务成本控制措施	（1）方法：讲授法、项目教学法 （2）重点与难点：冷藏业务成本核算方法	2

续表

模块	课程	学习单元	课程内容	培训建议	课堂学时
3. 冷藏信息技术应用	3-1 信息系统设计	(1) 冷藏信息系统需求分析	1) 数据流程分析 ①采集流程分析 ②传输流程分析 ③存储流程分析 ④运用流程分析 2) 业务流程分析 3) 系统功能需求分析 ①功能性需求分析 ②非功能性需求分析	(1) 方法：讲授法、项目教学法 (2) 重点与难点：数据流程分析	2
		(2) 冷藏信息系统功能设计	1) 冷藏信息系统功能设计基本方法 2) 冷藏信息系统功能设计框架 3) 冷藏信息系统基本功能模块 ①基础管理子系统的基本功能模块 ②信息管理子系统的基本功能模块	(1) 方法：讲授法、项目教学法 (2) 重点与难点：冷藏信息系统基本功能模块	2
	3-2 信息技术应用	(1) 物联网技术在冷藏上的应用	1) 冷藏物联网的关键技术 2) 冷藏物联网的运作原理 ①冷藏加工原理 ②冷藏贮藏原理 ③冷藏运输原理 ④冷藏销售原理 3) 物联网技术应用架构 ①信息感知层 ②网络通信层 ③信息服务层 4) 冷藏物联网中主要监测技术与数据的特性	(1) 方法：项目教学法、案例教学法 (2) 重点与难点：物联网技术应用架构	2

续表

模块	课程	学习单元	课程内容	培训建议	课堂学时
3．冷藏信息技术应用	3-2 信息技术应用	（2）大数据技术在冷藏上的应用	1）数据质量对数据分析的影响 2）提高数据质量的方法 3）数据采集和预处理 ①数据采集方法 ②数据预处理流程 ③数据预处理标准 ④常见数据预处理方法 4）数据挖掘与分析 ①数据挖掘的定义 ②数据挖掘的基本任务 ③数据挖掘与分析的常用工具 ④数据挖掘常用算法 5）冷链物流大数据中心的定位 6）数据库表的主要结构	（1）方法：项目教学法、案例教学法 （2）重点与难点：数据挖掘与分析的常用工具	2
		（3）人工智能技术在冷藏上的应用	1）可视化图表的分类 ①比较类图表 ②组成类图表 ③分布类图表 ④关系类图表 2）可视化图表的表达内容 3）可视化图表的交互方式 4）人工智能技术的应用领域	（1）方法：项目教学法、案例教学法 （2）重点与难点：人工智能技术的应用领域	2

续表

模块	课程	学习单元	课程内容	培训建议	课堂学时
4. 冷藏质量管理	4-1 质量控制	（1）冷藏品质量控制方案制订	1）冷藏品质量问题产生原因 2）冷藏品质量评估方法 3）冷藏品质量控制方法 4）冷藏品质量控制方案的主要内容	（1）方法：讲授法、项目教学法 （2）重点与难点：冷藏品质量评估方法	2
		（2）冷藏品质量控制方案实施与改进	1）冷藏品质量控制方案实施 2）冷藏品质量控制方案改进	（1）方法：讲授法、项目教学法 （2）重点与难点：冷藏品质量控制方案实施	2
	4-2 质量溯源	（1）冷藏品溯源管理流程制定	1）冷藏品溯源管理的目标 2）冷藏品溯源管理的主体和范围 3）冷藏品溯源管理流程 ①生产溯源 ②采购溯源 ③仓储溯源 ④运输溯源 ⑤销售溯源 4）冷藏品溯源管理方法	（1）方法：讲授法、项目教学法 （2）重点与难点：冷藏品溯源管理方法	1
		（2）冷藏品溯源管理流程实施与改进	1）冷藏品溯源管理流程实施 2）冷藏品溯源管理流程改进	（1）方法：讲授法、项目教学法 （2）重点与难点：冷藏品溯源管理流程实施	1
5. 冷藏安全管理与日常维护	5-1 设施、设备日常维护管理	（1）制冷设备日常维护管理	1）制冷设备日常维护管理注意事项 2）制冷设备日常维护管理方案	（1）方法：讲授法、演示法、案例教学法 （2）重点与难点：制冷设备日常维护管理方案	2

续表

模块	课程	学习单元	课程内容	培训建议	课堂学时
5. 冷藏安全管理与日常维护	5-1 设施、设备日常维护管理	（2）温控设备日常维护管理	1）温控设备日常维护管理注意事项 2）温控设备日常维护管理方案	（1）方法：讲授法、演示法、案例教学法 （2）重点与难点：温控设备日常维护管理方案	2
		（3）冷库建筑物日常维护管理	1）冷库建筑物日常维护管理注意事项 2）冷库建筑物日常维护管理方案	（1）方法：讲授法、演示法、案例教学法 （2）重点与难点：冷库建筑物日常维护管理方案	2
	5-2 作业安全与健康保障	（1）冷库作业安全与健康保障管理制度制定	1）职业健康和安全管理体系 2）冷库运行过程中的危险源分类方法 3）冷库运行过程中的危险源辨识方法 4）冷库作业人员安全和健康注意事项 5）冷库作业安全与健康保障管理制度	（1）方法：讲授法、案例教学法 （2）重点与难点：冷库作业人员安全和健康注意事项	2
		（2）冷库安全应急管理预案制订	1）冷库安全应急管理预案的作用 2）冷库安全应急管理预案编制的基本流程 3）冷库安全应急管理预案的相关技术标准 4）冷库安全应急管理预案编制的难点问题 5）冷库安全应急管理预案编制难点问题的解决方法	（1）方法：讲授法、案例教学法 （2）重点与难点：冷库安全应急管理预案的相关技术标准	2

续表

模块	课程	学习单元	课程内容	培训建议	课堂学时
6. 培训指导	6-1 培训	(1) 培训计划编制	1) 培训计划的内容	(1) 方法：项目教学法 (2) 重点与难点：培训计划的编写方法	1
			2) 培训计划的编写方法		
		(2) 培训讲义编制	1) 培训讲义的内容	(1) 方法：项目教学法 (2) 重点与难点：培训讲义的编写方法	1
			2) 培训讲义的编写方法		
		(3) 培训教学	1) 常见的培训方法	(1) 方法：项目教学法 (2) 重点与难点：培训教学的实施流程	1
			2) 培训教学的组织流程		
			3) 培训教学的实施流程		
	6-2 指导	(1) 业务指导方案编制	1) 业务指导方案编制注意事项	(1) 方法：项目教学法 (2) 重点与难点：业务指导方案编制方法	1
			2) 业务指导方案编制方法		
		(2) 业务指导实施	1) 业务指导方法	(1) 方法：项目教学法 (2) 重点与难点：业务指导方法	1
			2) 业务指导注意事项		
			3) 案例教学法		
课堂学时合计					50

2.2.6 一级/高级技师职业技能培训课程规范

模块	课程	学习单元	课程内容	培训建议	课堂学时
1.冷藏业务设计	1-1 冷链业务需求分析	（1）冷链业务市场需求分析	1）冷链业务市场需求分析方法	（1）方法：讲授法、项目教学法 （2）重点与难点：冷链业务市场需求分析方法	4
			2）区域冷链物流 ①区域冷链物流发展现状 ②区域冷链物流现存问题 ③区域冷链物流发展趋势分析		
			3）跨境冷链物流 ①跨境冷链物流发展现状 ②跨境冷链物流现存问题 ③跨境冷链物流发展趋势分析		
		（2）冷链业务时效要求分析	1）冷链产品时效性影响因素 ①运输资源因素 ②人为因素 ③企业管理和信息化水平因素 ④外界状况和突发事件因素	（1）方法：讲授法、项目教学法 （2）重点与难点：冷链业务时效管理方法	4
			2）冷链业务时效管理方法 ①订单响应管理 ②商品在库管理 ③运输在途管理 ④末端配送管理		
			3）冷链业务时效管理指标 ①总时长 ②送达率 ③准时履约率 ④未延误履约率		
			4）冷链业务时效满意度的影响因素 ①运行质量 ②服务水平 ③成本评价 ④服务差异性		

续表

模块	课程	学习单元	课程内容	培训建议	课堂学时
1．冷藏业务设计	1-1 冷链业务需求分析	（3）冷链业务可行性分析	1）冷链业务成本分析 2）冷链业务效益分析 3）冷链业务投资回报分析	（1）方法：讲授法、项目教学法 （2）重点与难点：冷链业务效益分析	2
	1-2 冷链业务规划	（1）冷链业务流程规划	1）冷链业务流程规划要点 ①流程管理能力及其影响因素 ②业务流程管理生命周期 ③业务流程基本内容 ④业务流程管理问题的对策建议 2）冷链业务流程规划种类 ①长期业务流程规划 ②中期业务流程规划 ③短期业务流程规划 3）物流企业冷链服务要求与能力评估指标 ①运输型冷链服务要求与能力评估指标 ②仓储型冷链服务要求与能力评估指标 ③综合型冷链服务要求与能力评估指标	（1）方法：讲授法、案例教学法 （2）重点与难点：冷链业务流程规划要点	4
		（2）冷链网络布局规划	1）冷链网络模型的类型 2）冷链网络模型的设计方法 3）冷链网络布局规划影响因素 4）冷链网络布局规划原则 5）冷链网络布局规划内容	（1）方法：讲授法、案例教学法 （2）重点与难点：冷链网络模型的设计方法	4

续表

模块	课程	学习单元	课程内容	培训建议	课堂学时
1. 冷藏业务设计	1-2 冷链业务规划	（3）冷链信息资源规划	1）冷链信息资源规划的方法和工具 2）冷链物流系统设计 3）冷链物流信息平台设计的总体架构	（1）方法：讲授法、案例教学法 （2）重点与难点：冷链信息资源规划的方法和工具	4
2. 冷藏业务管理	2-1 冷链业务绩效管理	（1）冷链业务绩效指标选取	1）冷链业务运营绩效指标选取目的 2）冷链业务运营绩效指标选取方法 3）冷链业务运营绩效指标选取原则 4）冷链业务运营绩效指标评价对象	（1）方法：讲授法、项目教学法 （2）重点与难点：冷链业务运营绩效指标选取方法	4
		（2）冷链业务运营分析	1）冷链业务运营数据类型 2）冷链业务运营数据选取原则 3）冷链业务运营数据收集与统计分析的方法 4）冷链业务运营评价指标体系 5）冷链业务运营问题产生原因分析 6）冷链业务运营优化方案实施的保障措施	（1）方法：讲授法、项目教学法 （2）重点与难点：冷链业务运营数据收集与统计分析的方法	4
	2-2 冷链业务成本管理	冷链业务成本管理	1）冷链运营成本构成 ①冷链系统成本构成 ②冷链人员成本构成 ③冷链管理成本构成 2）冷链运营成本核算方法 3）冷链运营成本控制措施 ①冷链运营成本控制优化措施 ②冷链运营成本控制优化保障措施	（1）方法：讲授法、项目教学法 （2）重点与难点：冷链运营成本核算方法	4

续表

模块	课程	学习单元	课程内容	培训建议	课堂学时
3. 冷藏质量管理	3-1 冷链业务质量控制	（1）冷链业务运营质量管理方案制订	1）冷链业务运营质量管理体系 2）冷链业务运营质量控制要点 3）冷链业务运营质量管理方案编制的基本要求	（1）方法：案例教学法 （2）重点与难点：冷链业务运营质量控制要点	4
		（2）冷链业务运营质量评估与优化	1）冷链业务运营质量评估方法 2）冷链业务运营质量优化方案实施的保障措施	（1）方法：案例教学法 （2）重点与难点：冷链业务运营质量优化方案实施的保障措施	2
	3-2 冷链业务风险控制	（1）冷链业务运营风险预警方案制订	1）冷链业务运营风险的种类 ①人因风险 ②机因风险 ③物因风险 ④法因风险 ⑤环境风险 2）冷链业务运营风险预警指标构建原则 3）冷链业务运营风险预警指标 4）冷链业务运营风险预警方案编制的基本要求	（1）方法：案例教学法 （2）重点与难点：冷链业务运营风险预警指标	4
		（2）冷链业务运营风险管理	1）冷链业务运营风险管理的目标 2）冷链业务运营风险监测方法 3）冷链业务运营风险评估方法 4）冷链业务运营风险优化方法	（1）方法：案例教学法 （2）重点与难点：冷链业务运营风险监测方法	2

续表

模块	课程	学习单元	课程内容	培训建议	课堂学时
4．培训指导	4-1 培训	（1）培训体系设计	1）培训体系的结构	（1）方法：案例教学法 （2）重点与难点：培训体系设计的基本方法	1
			2）培训体系的内容		
			3）培训体系设计的基本方法		
			4）培训体系设计的原则		
		（2）培训方案编制与实施	1）培训方案编制的基本要求	（1）方法：案例教学法 （2）重点与难点：培训实施的流程	1
			2）培训方案编制的方法		
			3）培训方案编制的内容		
			4）培训实施的流程		
	4-2 指导	（1）业务指导体系设计	1）业务指导体系设计的原则	（1）方法：项目教学法 （2）重点与难点：业务指导体系设计的策略	1
			2）业务指导体系设计的策略		
		（2）业务指导组织与实施	1）业务指导的内容	（1）方法：项目教学法 （2）重点与难点：行业前沿技术业务指导组织与实施	1
			2）行业前沿技术业务指导组织与实施		
课堂学时合计					50

2.2.7 培训建议中培训方法说明

（1）讲授法。讲授法指教师主要运用语言讲述，系统地向学员传授知识，传播思想理念的教学方法，即教师通过叙述、描绘、解释、推论，来传递信息、传授知识、阐明概念、论证定律和公式，引导学员获取知识，认识和分析问题。

（2）讨论法。讨论法指在教师的指导下，学员以班级或小组为单位，围绕学习单元的内容，对某一专题进行深入探讨，通过讨论或辩论活动，获得知识或巩固知识的教学方法，要求教师在讨论结束时对讨论的主题做归纳性总结。

（3）实训法。实训法指学员在教师的指导下巩固知识、运用知识、形成技能技巧的教学方法。学员通过实际操作的练习掌握操作技能。

（4）参观法。参观法指教师组织或指导学员进行实地观察、调查、研究和学习，使学员获得新知识或巩固已学知识的教学方法。参观法可细分为准备性参观、并行性参观、总结性参观等。

（5）演示法。演示法指在教学过程中，教师通过示范操作和讲解使学员获得知识、技能的教学方法。教学中，教师对操作内容进行现场演示，边操作边讲解，强调操作的关键步骤和注意事项，使学员边学边做，理论与技能并重，师生互动，提高学员的学习兴趣和学习效率。

（6）案例教学法。案例教学法指通过对案例进行分析，提出问题，分析问题，并找到解决问题的途径和手段，培养学员分析问题、处理问题能力的教学方法。

（7）角色扮演法。角色扮演法指学员通过不同角色的扮演，体验自身角色的内涵活动和对方角色的心理，充分展现各种角色的"为"和"位"的教学方法。

（8）项目教学法。项目教学法指以实际应用为目的，将理论知识与实际工作相结合，通过师生共同完成一个完整的项目工作，使学员获得知识和实践操作能力与解决实际问题能力的教学方法。其实施以小组为学习单位，步骤一般分为确定项目任务、计划、决策、实施、检查和评价六个步骤。项目教学法强调学员在学习过程中的主体地位，以学员为中心，以学员学习为主、教师指导为辅，通过完成教学项目，激发学员的学习积极性，使学员既获得相关理论知识，又掌握实践技能和工作方法，提高学员解决实际问题的综合能力。

2.3 考核规范

2.3.1 职业基本素质培训考核规范

考核范围	考核比重（%）	考核内容	考核比重（%）	考核单元
1. 职业认知与职业道德	15	1-1 职业认知	5	职业认知
		1-2 职业道德基本知识	5	道德与职业道德
		1-3 职业守则	5	冷藏工职业守则

续表

考核范围	考核比重（%）	考核内容	考核比重（%）	考核单元
2．冷藏管理基础知识	65	2-1 冷藏作业基础知识	7	（1）冷库的类型
				（2）冷藏品的分类
		2-2 冷藏仓储基础知识	10	各类冷藏品的贮藏条件
		2-3 冷藏工艺基础知识	10	（1）冷藏品冷却
				（2）冷藏品冻结
				（3）冷藏品冷藏
		2-4 冷藏运输基础知识	10	（1）冷藏运输认知
				（2）各类冷藏运输方式的特点及应用
		2-5 冷藏信息技术基础知识	10	（1）条形码技术
				（2）射频识别（RFID）技术
				（3）全球定位系统（GPS）技术和地理信息系统（GIS）技术
				（4）物联网技术
		2-6 冷藏设施、设备基础知识	10	（1）冷藏设施
				（2）冷藏存储设备
				（3）冷藏运输设备
				（4）冷藏装卸搬运设备
		2-7 冷库卫生基础知识	8	冷库卫生要求
3．安全生产和环境保护基础知识	10	3-1 冷藏企业安全生产基础知识	5	（1）防火、防爆安全管理
				（2）防尘、防毒安全管理
		3-2 冷藏工职业健康基础知识	3	（1）冷库作业常见危害与防护
				（2）职业心理健康
		3-3 环境保护相关知识	2	环境保护
4．相关法律知识	10	相关法律知识	10	（1）基本法律知识
				（2）其他法律知识

2.3.2 五级/初级职业技能培训理论知识考核规范

考核范围	考核比重（%）	考核内容	考核比重（%）	考核单元
1. 冷藏前预处理	20	1-1 冷库消毒、预冷	10	（1）冷库消毒
				（2）冷库预冷温湿度检测
		1-2 冷藏品分类分级	5	（1）冷藏品贮藏分类
				（2）冷藏品贮藏分级
		1-3 冷藏运输工具消毒、预冷	5	冷藏运输工具消毒、预冷
2. 冷藏仓储作业	30	2-1 入库操作	10	（1）冷藏品入库检验
				（2）冷藏品入库搬运与堆码
		2-2 在库操作	10	（1）冷藏品在库温湿度检测
				（2）冷藏品计量
				（3）冷藏品分装与贴标
		2-3 出库操作	10	（1）冷藏品出库检查
				（2）冷藏品出库温湿度检测
				（3）冷藏品出库单据填制
3. 冷藏运输作业	30	3-1 装卸操作	15	（1）冷藏品装卸搬运设备选择
				（2）冷藏品装载前检查
				（3）冷藏品卸载前检查
				（4）冷藏品装卸搬运
		3-2 运输操作	15	（1）运输工具制冷系统检查
				（2）运输工具预冷
				（3）冷藏品在途管理
4. 冷藏安全管理与日常维护	20	4-1 冷库日常维护	10	（1）冷库加湿、除湿
				（2）冷库除霜
				（3）冷库卫生管理
		4-2 安全防护	10	（1）冷库监控系统使用
				（2）灭火器使用
				（3）安全通道识别

2.3.3 五级/初级职业技能培训操作技能考核规范

考核范围	考核比重(%)	考核内容	考核比重(%)	考核形式	重要程度	选考方式	考核时间(分钟)
1. 冷藏前预处理	20	1-1 冷库消毒、预冷	15	机考	X	选考(二选一)	30
		1-2 冷藏品分类分级	15	机考	X		
		1-3 冷藏运输工具消毒、预冷	5	机考	X	必考	
2. 冷藏仓储作业	30	2-1 入库操作	30	机考	X	选考(三选一)	30
		2-2 在库操作	30	机考	X		
		2-3 出库操作	30	机考	X		
3. 冷藏运输作业	30	3-1 装卸操作	30	机考	X	选考(二选一)	30
		3-2 运输操作	30	机考	X		
4. 冷藏安全管理与日常维护	20	4-1 冷库日常维护	20	机考	Y	选考(二选一)	30
		4-2 安全防护	20	机考	Y		

2.3.4 四级/中级职业技能培训理论知识考核规范

考核范围	考核比重(%)	考核内容	考核比重(%)	考核单元
1. 冷藏前预处理	21	1-1 库区消毒	10	(1) 消毒剂配制
				(2) 消毒设备使用
		1-2 设施、设备维护与保养	5	(1) 机械设备检查方法与流程
				(2) 风幕机检查
				(3) 包装机检查
				(4) 搬运设备检查
				(5) 库门检查
		1-3 预冷处理	6	预冷处理

续表

考核范围	考核比重（%）	考核内容	考核比重（%）	考核单元
2．冷藏仓储作业	24	2-1 入库作业	8	（1）冷藏品取样与检验
				（2）冷藏品入库温湿度检测
				（3）冷藏品入库堆码
		2-2 在库作业	8	冷藏品在库温湿度监测与记录
		2-3 出库作业	8	（1）出库冷藏品中心温度测量
				（2）冷藏品出库质量检测
3．冷藏运输作业	30	3-1 运输工具管理	15	（1）冷藏品运输工具选择
				（2）运输工具制冷设备检查
		3-2 运输在途监控	15	运输在途监控
4．冷藏质量管理	15	4-1 质量控制	7	冷藏品质量控制
		4-2 质量溯源	8	冷藏品质量溯源
5．冷藏安全管理与日常维护	10	5-1 冷库日常维护	5	（1）地坪冻鼓处理
				（2）"冷桥"处理
				（3）制冷剂泄漏处理
		5-2 作业安全与健康保障	3	（1）冷库安全规章制度执行
				（2）冷库安全设备使用
		5-3 节能与环保管理	2	冷库节能环保

2.3.5 四级／中级职业技能培训操作技能考核规范

考核范围	考核比重（%）	考核内容	考核比重（%）	考核形式	重要程度	选考方式	考核时间（分钟）
1．冷藏前预处理	20	1-1 库区消毒	15	机考	X	选考（二选一）	30
		1-2 设施、设备维护与保养	15	机考	X		
		1-3 预冷处理	5	机考	Y	必考	

续表

考核范围	考核比重（%）	考核内容	考核比重（%）	考核形式	重要程度	选考方式	考核时间（分钟）
2．冷藏仓储作业	25	2-1 入库作业	10	机考	X	必考	30
		2-2 在库作业	15	机考	X	选考（二选一）	
		2-3 出库作业	15	机考	X		
3．冷藏运输作业	30	3-1 运输工具管理	30	机考	X	选考（二选一）	30
		3-2 运输在途监控	30	机考	X		
4．冷藏质量管理	15	4-1 质量控制	15	机考	X	选考（二选一）	20
		4-2 质量溯源	15	机考	X		
5．冷藏安全管理与日常维护	10	5-1 冷库日常维护	10	机考	Y	选考（三选一）	20
		5-2 作业安全与健康保障	10	机考	Y		
		5-3 节能与环保管理	10	机考	Y		

2.3.6 三级/高级职业技能培训理论知识考核规范

考核范围	考核比重（%）	考核内容	考核比重（%）	考核单元
1．冷藏前预处理	15	1-1 消毒作业管理	5	冷藏品消毒作业规范
		1-2 设施、设备保养及故障排查	10	（1）风幕机保养及故障排查
				（2）包装机保养及故障排查
				（3）搬运设备保养及故障排查
				（4）库门保养及故障排查
2．冷藏仓储作业	30	2-1 入库作业	10	（1）冷藏品入库作业管理
				（2）冷藏品入库异常情况处理
				（3）冷藏品贮藏期管理
		2-2 在库作业	10	（1）冷藏品在库作业管理
				（2）冷藏品损耗预防措施制定
				（3）冷藏品保鲜技术选择
				（4）冷藏品贮藏方式调整
				（5）冷藏品货垛倒塌处理
		2-3 出库作业	10	（1）冷藏品出库作业管理
				（2）冷藏品出库异常情况处理
				（3）冷藏品退货处理

续表

考核范围	考核比重（%）	考核内容	考核比重（%）	考核单元
3. 冷藏运输作业	20	3-1 运输车辆管理	10	（1）冷藏车信息核验与记录
				（2）冷藏车制冷设备异常情况处理
		3-2 运输在途监控	10	冷藏品运输在途监控及异常情况处理
4. 冷藏信息技术应用	10	4-1 信息系统应用	5	（1）冷库温湿度实时监控
				（2）冷藏运输温湿度实时监控
		4-2 信息系统管理	5	（1）冷藏信息系统后台配置
				（2）冷藏信息系统异常情况处理
5. 冷藏质量管理	15	5-1 质量控制	10	（1）冷藏品质量异常情况处理
				（2）冷藏品质量报表编制
		5-2 质量溯源	5	（1）冷藏品异常事件记录及资料归档
				（2）冷藏品质量问题溯源管理
6. 冷藏安全管理与日常维护	10	6-1 设施、设备日常维护	3	（1）冷库制冷设备常见异常情况处理
				（2）冷库温控设备常见异常情况处理
		6-2 作业安全与健康保障	3	（1）冷库安全作业检查
				（2）冷库事故应急处理
		6-3 节能与环保管理	4	（1）冷库环保作业管理方案
				（2）冷库能耗管理与节能运行方案

2.3.7 三级/高级职业技能培训操作技能考核规范

考核范围	考核比重（%）	考核内容	考核比重（%）	考核形式	重要程度	选考方式	考核时间（分钟）
1. 冷藏前预处理	10	1-1 消毒作业管理	10	机考	X	选考（二选一）	20
		1-2 设施、设备保养及故障排查	10	机考	X		

续表

考核范围	考核比重（%）	考核内容	考核比重（%）	考核形式	重要程度	选考方式	考核时间（分钟）
2．冷藏仓储作业	25	2-1 入库作业	10	机考	X	必考	30
		2-2 在库作业	10	机考	X	必考	
		2-3 出库作业	5	机考	X	必考	
3．冷藏运输作业	25	3-1 运输车辆管理	25	机考	X	选考（二选一）	20
		3-2 运输在途监控	25	机考	X		
4．冷藏信息技术应用	15	4-1 信息系统应用	15	机考	X	选考（二选一）	20
		4-2 信息系统管理	15	机考	X		
5．冷藏质量管理	15	5-1 质量控制	15	机考	X	选考（二选一）	15
		5-2 质量溯源	15	机考	X		
6．冷藏安全管理与日常维护	10	6-1 设施、设备日常维护	10	机考	Y	选考（三选一）	15
		6-2 作业安全与健康保障	10	机考	Y		
		6-3 节能与环保管理	10	机考	Y		

2.3.8 二级/技师职业技能培训理论知识考核规范

考核范围	考核比重（%）	考核内容	考核比重（%）	考核单元
1．冷藏业务设计	20	1-1 冷藏需求分析	5	（1）冷藏品易腐性分析
				（2）冷藏品需求分析
		1-2 冷藏环境设计	5	（1）冷藏环境布局方案设计
				（2）冷藏设备选型
		1-3 冷藏工艺设计	10	（1）冷藏品预冷工艺设计
				（2）冷藏品加工工艺设计
				（3）冷藏品包装工艺设计
				（4）冷藏品储存工艺设计
2．冷藏业务管理	20	2-1 冷藏业务流程设计与优化	10	（1）冷藏业务流程设计
				（2）冷藏业务流程优化
		2-2 冷藏业务绩效与成本管理	10	（1）冷藏业务绩效评估
				（2）冷藏业务成本分析

续表

考核范围	考核比重（%）	考核内容	考核比重（%）	考核单元
3．冷藏信息技术应用	15	3-1 信息系统设计	7	（1）冷藏信息系统需求分析
				（2）冷藏信息系统功能设计
		3-2 信息技术应用	8	（1）物联网技术在冷藏上的应用
				（2）大数据技术在冷藏上的应用
				（3）人工智能技术在冷藏上的应用
4．冷藏质量管理	15	4-1 质量控制	7	（1）冷藏品质量控制方案制订
				（2）冷藏品质量控制方案实施与改进
		4-2 质量溯源	8	（1）冷藏品溯源管理流程制定
				（2）冷藏品溯源管理流程实施与改进
5．冷藏安全管理与日常维护	20	5-1 设施、设备日常维护管理	10	（1）制冷设备日常维护管理
				（2）温控设备日常维护管理
				（3）冷库建筑物日常维护管理
		5-2 作业安全与健康保障	10	（1）冷库作业安全与健康保障管理制度制定
				（2）冷库安全应急管理预案制订
6．培训指导	10	6-1 培训	5	（1）培训计划编制
				（2）培训讲义编制
				（3）培训教学
		6-2 指导	5	（1）业务指导方案编制
				（2）业务指导实施

2.3.9 二级/技师职业技能培训操作技能考核规范

考核范围	考核比重（%）	考核内容	考核比重（%）	考核形式	重要程度	选考方式	考核时间（分钟）
1. 冷藏业务设计	25	1-1 冷藏需求分析	25	机考	X	选考（三选一）	25
		1-2 冷藏环境设计	25	机考	X		
		1-3 冷藏工艺设计	25	机考	X		
2. 冷藏业务管理	25	2-1 冷藏业务流程设计与优化	15	机考	X	必考	25
		2-2 冷藏业务绩效与成本管理	10	机考	X	必考	
3. 冷藏信息技术应用	10	3-1 信息系统设计	10	机考	X	选考（二选一）	20
		3-2 信息技术应用	10	机考	X		
4. 冷藏质量管理	15	4-1 质量控制	15	机考	X	选考（二选一）	20
		4-2 质量溯源	15	机考	X		
5. 冷藏安全管理与日常维护	15	5-1 设施、设备日常维护管理	15	机考	X	选考（二选一）	20
		5-2 作业安全与健康保障	15	机考	X		
6. 培训指导	10	6-1 培训	10	机考	Z	选考（二选一）	10
		6-2 指导	10	机考	Z		

2.3.10 一级/高级技师职业技能培训理论知识考核规范

考核范围	考核比重（%）	考核内容	考核比重（%）	考核单元
1. 冷藏业务设计	30	1-1 冷链业务需求分析	15	（1）冷链业务市场需求分析
				（2）冷链业务时效要求分析
				（3）冷链业务可行性分析
		1-2 冷链业务规划	15	（1）冷链业务流程规划
				（2）冷链网络布局规划
				（3）冷链信息资源规划

续表

考核范围	考核比重（%）	考核内容	考核比重（%）	考核单元
2．冷藏业务管理	30	2-1 冷链业务绩效管理	20	(1) 冷链业务绩效指标选取
				(2) 冷链业务运营分析
		2-2 冷链业务成本管理	10	冷链业务成本管理
3．冷藏质量管理	30	3-1 冷链业务质量控制	15	(1) 冷链业务运营质量管理方案制订
				(2) 冷链业务运营质量评估与优化
		3-2 冷链业务风险控制	15	(1) 冷链业务运营风险预警方案制订
				(2) 冷链业务运营风险管理
4．培训指导	10	4-1 培训	5	(1) 培训体系设计
				(2) 培训方案编制与实施
		4-2 指导	5	(1) 业务指导体系设计
				(2) 业务指导组织与实施

2.3.11 一级/高级技师职业技能培训操作技能考核规范

考核范围	考核比重（%）	考核内容	考核比重（%）	考核形式	重要程度	选考方式	考核时间（分钟）
1．冷藏业务设计	30	1-1 冷链业务需求分析	15	机考	X	必考	40
		1-2 冷链业务规划	15	机考	X	必考	
2．冷藏业务管理	30	2-1 冷链业务绩效管理	15	机考	X	必考	40
		2-2 冷链业务成本管理	15	机考	X	必考	
3．冷藏质量管理	30	3-1 冷链业务质量控制	30	机考	X	选考（二选一）	30
		3-2 冷链业务风险控制	30	机考	X		
4．培训指导	10	4-1 培训	10	机考	Z	选考（二选一）	10
		4-2 指导	10	机考	Z		